Bibliografische Information der Deutschen Nationalbibliothek:

Die Deutsche Bibliothek verzeichnet diese Publikation in der Deutschen National-
bibliografie; detaillierte bibliografische Daten sind im Internet über http://dnb.d-
nb.de/ abrufbar.

Impressum:

Copyright © 2015 GRIN Verlag, Open Publishing GmbH
Druck und Bindung: Books on Demand GmbH, Norderstedt Germany
ISBN: 9783656914044

Dieses Buch bei GRIN:

https://www.grin.com/document/293825

Erich Bulitta, Hildegard Bulitta

Nachhilfe Mathematik - Teil 3: Gleichungen

GRIN Verlag

Reihe
Nachhilfe Mathematik

Teil 3: Gleichungen

Gesamtband

Erich und Hildegard Bulitta

Vorwort – Teil 3: Gleichungen

Liebe Schülerinnen und Schüler,

liebe Eltern, liebe Lehrerinnen und Lehrer!

Die neue Reihe „Nachhilfe – Mathematik" wendet sich an alle Schülerinnen und Schüler, die ihre schulischen Leistungen im Fach Mathematik verbessern und vertiefen wollen, um bessere Noten zu erzielen und fit für den Übergang in eine andere Schulart zu werden.

Eltern haben mit diesen pädagogisch erprobten Aufgaben die Möglichkeit, die schulischen Leistungen ihrer Kinder zu verbessern, sie für das Fach Mathematik zu motivieren, so dass auch der Übergang in eine andere Schulform leichter fällt.

Die Reihe „Nachhilfe – Mathematik" wendet sich aber auch an Lehrerinnen und Lehrer, die die einzelnen Arbeitsblätter einfach kopieren und für ihren Einsatz im Unterricht (auch für Vertretungsstunden) einsetzen können. Auf diese Weise brauchen sie sich nicht die Mühe machen, selbst Aufgaben so zusammenzustellen, dass sie ihre Schülerinnen und Schüler auch verstehen und sie ihren Erfolg selbst sehen.

Die Seiten sind so gestaltet, dass die Aufgaben direkt bearbeitet werden können. Selbstverständlich können die einzelnen Bände dieser Reihe ganz alleine durchgearbeitet werden, aber besser ist es sicherlich, wenn jemand den Fortschritt kontrolliert. Die Aufgaben werden in kleinen Schritten erklärt und erarbeitet, so dass es leicht ist, zu verstehen, wie das „Rechnen" geht. Die verschiedenen Aufgaben können dann selbst nachvollzogen und angewandt werden. Der Lösungsteil dient der Kontrolle. Im Anhang werden jeweils verschiedene wichtige Grundlagen für das Fach Mathematik angegeben.

Die Reihe „Nachhilfe – Mathematik" ist unabhängig von Jahrgangsstufe, Schulart und Schulbuch und bietet in konzentrierter Form jeweils einen Teilbereich des Faches Mathematik an.
Jeder einzelne Teil der Reihe gliedert sich in zwei Einzelbände (Band 1 und Band 2) und einen Gesamtband, der die beiden Bände 1 und 2 enthält.

Im Teil 3 dieser Reihe wird das Rechnen mit Gleichungen und Ungleichungen behandelt. Dabei werden in kleinen Schritten die einzelnen Teilgebiete bearbeitet und ausführlich erklärt, um sicher mit Gleichungen und Ungleichungen umzugehen.

Dabei werden die einzelnen Teilgebiete (Rechenregeln, Rechenausdrücke, die Unbekannte x, das Lösen von Gleichungen, Grundaufgaben der Prozentrechnung, Geometrie, Raumlehre, sowie Ungleichungen) in kleinen Schritten behandelt und ausführlich erklärt. Somit ergibt sich eine echte Nachhilfe, um sicher damit umzugehen. Die Aufgaben sind so aufgebaut, dass sie alleine und ohne fremde Hilfe gelöst werden können. Die jeweiligen Arbeitshefte sind so angelegt, dass in das Heft geschrieben werden kann.

Ausgehend von „leichten" Aufgaben werden die Schüler auch an schwierigere Aufgaben und Sachaufgaben herangeführt. Die Lösungsschritte werden erklärt und am Ende zeigen die Lösungen, ob richtig gerechnet worden ist.

Zum Schluss noch ein Tipp: Arbeite das Heft sorgfältig durch, dann bekommst du die Sicherheit, die du für das Fach Mathematik brauchst. Wir wünschen dir viel Spaß dabei.

Empfehle diese Reihe auch deinen Mitschülerinnen und Mitschülern, die Schwierigkeiten im Fach Mathematik haben und sich verbessern wollen.

Die Reihe Nachhilfe – Mathematik

Teil 1: **Grundrechnungsarten und Zahlenraum bis zur Billion**

Teil 2: **Bruchrechnen und Dezimalzahlen**

Teil 3: **Gleichungen**

Teil 4: **Prozentrechnen**

Teil 5: **Zins- und Promillerechnen**

Teil 6: **Übungsbuch zur gezielten Vorbereitung auf Abschlussprüfungen – Kopiervorlagen**

Folgt dem QR-Code zu allen bereits veröffentlichten Bänden der Reihe „Nachhilfe Mathematik":
https://www.grin.com/profile/1095312/#documents

Inhaltsverzeichnis – Gleichungen: Gesamtband

Gleichungen: Die Rechenregeln

1. Klammern setzen und auflösen

In einer 5. Klasse wird folgende Aufgabe gestellt.

Auf einem Bankkonto (Kontostand 3 450 €) werden in einem Monat folgende Geldbewegungen vorgenommen:

Einzahlung: 150 €	*Auszahlung: 750 €*
Einzahlung: 360 €	*Auszahlung: 2 545 €*
Einzahlung: 120 €	*Auszahlung: 380 €*

Wie viel Geld steht am Ende des Monats auf dem Konto?

Monika rechnet: 3 450 € + 150 € – 750 € + 360 € – 2 545 € + 120 € – 380 € = **405 €**

Tobias rechnet:
$$3\ 450\ € + 150\ € + 360\ € + 120\ € \ = \ 4\ 080\ €$$
$$750\ € + 2\ 545\ € + 380\ € \ = \ 3\ 675\ €$$
$$4\ 080\ € – 3\ 675\ € \ = \ \mathbf{405\ €}$$

Dieser Rechenweg kann in einer einzigen Aufgabe dargestellt werden, denn Zahlen, die addiert oder subtrahiert werden, können zusammengefasst werden:

(3 450 € + 150 € + 360 € + 120 €) – (750 € + 2 545 € + 380 €) = **405 €**

> Die Klammer verdeutlicht, was gerechnet werden muss. Sie vereinfacht das Rechnen, denn es werden weniger Einzelrechnungen notwendig. Eine solche Aufgabe heißt auch **Rechenausdruck**.

Dafür gibt es wichtige Regeln.

> **1. Regel:** Die Klammer bestimmt, was zuerst gerechnet wird.

1. Verwende bei den folgenden Aufgaben Klammern und schreibe als Rechenausdruck.

Beispiel: 453 – 874 + 617 + 1 998 – 209 =
(453 + 617 + 1 998) – (874 + 209) =

a) 3 453 – 653 – 764 + 1 245 + 432 – 490 =

_____

b) 765 + 1 609 + 875 – 643 – 764 – 148 + 745 =

_____

c) 4 543 – 765 – 830 + 875 – 2 456 + 8 765 – 134 =

_____

Bei dem Rechenausdruck 213 + (343 + 876) =

ist die Klammer eigentlich überflüssig, denn es werden nur Zahlen addiert.

Er kann deshalb auch so geschrieben werden: 213 + 343 + 876 =

2. Vereinfache die folgenden Rechenausdrücke.

a) (345 + 231 + 980) + 312 =

b) (9 871 + 543) + (390 + 678) =

c) (739 + 352 + 873 + 871) =

d) 234 + (3 902 + 543 + 2 483) =

Kannst du bei folgendem Rechenausdruck die Klammern weglassen? 345 – (37 + 45 + 128) =
Du prüfst am besten nach, indem du den Rechenausdruck mit und ohne Klammer ausrechnest.

Mit Klammer: 345 – (37 + 45 + 128) = 345 – 210 = 135
Ohne Klammer: 345 – 37 + 45 + 128   = 481

Du kannst also die Klammer nicht immer weglassen, denn das Minus vor der Klammer bedeutet,
dass der **gesamte** Klammerausdruck subtrahiert werden muss.

3. Überprüfe in den folgenden Aufgaben, ob die Klammern richtig aufgelöst wurden.
   Schreibe ein "r" für richtig oder ein "f" für falsch dahinter.

a) (621 + 546 + 674) – 213 = 621 + 546 + 674 – 213   _____

b)   352 – (123 + 654 + 876) = 2 352 – 123 + 654 + 876   _____

c) 5 475 – (362 + 762 + 910) = 5 475 – 362 + 762 + 910   _____

d) (4 345 – 876) – 674 = 4 345 – 876 – 674   _____

e) (3 254 + 910) – (621 + 874 + 76) = 3 254 + 910 – 621 – 874 – 76   _____

4. Rechne die folgenden Rechenausdrücke aus.

a) (24 + 78) – (39 + 21) = _____ = _____

b) (356 – 41 – 134) + (534 – 201) = _____ = _____

c) 365 – (132 + 56 + 32) = _____ = _____

d) 1 982 – (532 + 87 + 37 + 254) = _____ = _____

e) 2 387 + (673 – 87 – 5) = _____ = _____

f) (475 + 219) – (165 + 183 + 231) = _____ = _____

g) 2 451 – (231 + 53 – 12) = _____ = _____

h) 51 + (234 – 109) – (934 – 921) = _____ = _____

i) 104,56 – (34,21 + 65,98) – 2,32 = _____ = _____

j) 234,398 + 28,87 – (32,5 + 7,54) = _____ = _____

Tipp: Bei Rechenausdrücken rechnest du zunächst ohne Benennung. Sie erscheint dann nur beim Endergebnis in eckiger Klammer [ ].

5. Schreibe zu den folgenden Aufgaben einen Rechenausdruck und löse ihn. Denke an die Benennung am Schluss.

Beispiel: In der Klassenkasse sind 45 €. Im Laufe einer Woche werden 4 € eingezahlt, 2 € herausgenommen und nochmals 7 € eingezahlt. Am Ende der Woche kauft der Klassensprecher Blumen zum Geburtstag der Lehrerin. Sie kosten 17 €. Wie viel Geld ist demnach in der Klassenkasse?

$$45 + 4 + 7 - (2 + 17) = 56 - 19 = \underline{\mathbf{37\ [€]}}$$

a) Im Intercity von Frankfurt nach Augsburg sitzen 730 Fahrgäste. In Aschaffenburg steigen 54 aus und 23 ein, in Würzburg steigen 31 aus und 39 ein und in Treuchtlingen verlassen 22 Leute den Zug, aber 41 steigen ein. Wie viel Fahrgäste befinden sich in Augsburg noch im Zug?

_____ = _____ =

= _____ [_____]

b) Beim Kartenspielen gewinnt Peter 25 Cent, dann verliert er 11 Cent und 13 Cent. Er gewinnt wieder 41 Cent und verliert 32 Cent. Wie viel Geld hat er?

_____ = _____ =

= _____ [____]

c. Von einem 35 m langen Stoffballen werden abgeschnitten: 5 m, 7 m, 9 m und 11 m. Wie lange ist der Stoffrest?

_____ = _____ =

= _____ [___]

d) Claudia geht mit ihrer Mutter einkaufen. Sie haben 73,81 € im Geldbeutel. Bei der Reinigung geben sie 7,50 € aus, im Fotogeschäft 13,35 €, im Supermarkt 41,49 €, für leere Wasserkästen erhalten sie 13,20 € zurück. In der Metzgerei bezahlen sie 26,85 € und holen auf der Bank noch 50 €. Mit wie viel Geld kommen sie nach Hause?

_____ = _____ =

= _____ [___]

e) Von einer Rolle Teppichboden, die 200 m lang ist, werden folgende Stücke abgeschnitten: $12\frac{3}{4}$ m; $19\frac{1}{2}$ m; 8,50 m; $26\frac{1}{4}$ m und 12,75 m. Wie viel Meter kann noch verkauft werden?

Tipp: Rechne vorher die Brüche in Dezimalbrüche um.

Umrechnung: _____

_____ = _____ =

= _____ [___]

2. Die Punkt-vor-Strich-Regel

Kirsten, Tanja und Natascha rechnen die folgende Aufgabe: $34 + 3 \cdot 4 - 2 =$
Kirsten erhält als Ergebnis 44, Tanja 146 und Natascha 74. Wer hat richtig gerechnet? Prüfe nach.
Es war Kirsten, denn sie hat sich an die folgende Rechenregel gehalten:

2. Regel: Die Punktrechnung („•" und „:") wird vor der Strichrechnung („+" und „–") gerechnet.

1. Rechne die folgenden Aufgaben wie im Beispiel.

Beispiel: $27 \cdot 3 + 42 : 7 - 25 = 81 + 6 - 25 = \underline{\mathbf{50}}$

a) $375 : 75 + 15 \cdot 7 + 10 =$ _____ = _____

b) $248 + 48 \cdot 12 - 31 =$ _____ = _____

c) $256 - 56 : 8 - 31 \cdot 2 =$ _____ = _____

d) $232 : 4 - 108 : 12 + 33 =$ _____ = _____

e) $216 : 8 + 41 \cdot 5 - 32 =$ _____ = _____

f) $364 + 8 \cdot 8 - 169 : 13 =$ _____ = _____

g) $26{,}9 - 1{,}2 \cdot 8 + 13 =$ _____ = _____

h) $125{,}7 - 15{,}4 : 14 =$ _____ = _____

i) $100 : 2{,}5 - 5{,}3 \cdot 4 =$ _____ = _____

j) $46{,}583 + 12{,}12 : 12 =$ _____ = _____

k) $14{,}234 - 0{,}64 : 0{,}8 =$ _____ = _____

l) $209 : 11 + 16{,}2 - 9{,}4 =$ _____ = _____

m) $\frac{1}{8} \cdot \frac{2}{5} + \frac{3}{4} \cdot \frac{2}{9} =$ _____ = _____

n) $(5\frac{1}{3} + 2\frac{5}{6}) : 5\frac{5}{6} =$ _____ = _____

o) $3{,}5 + \frac{1}{4} \cdot 7 + \frac{1}{12} =$ _____ = _____

p) $\frac{5}{8} \cdot \frac{12}{15} + 7\frac{3}{5} =$ _____ = _____

q) $81 : \frac{9}{15} + 17{,}25 : 5 =$ _____ = _____

r) $28{,}457 + \frac{7}{9} \cdot 1\frac{2}{7} =$ _____ = _____

s) $(856{,}74 : 6 + 12\frac{3}{5}) \cdot 12 =$ _____ = _____

t) $(5\frac{3}{8} + 7\frac{3}{4}) : 25 + 0{,}475 =$ _____ = _____

In diesem Zusammenhang solltest du noch eine weitere Regel kennenlernen.

3. Regel: Mehrere Punktrechnungen werden nach der Reihe gerechnet.
Steht allerdings eine Klammer, geht diese vor.

2. *Rechne die folgenden Aufgaben wie in beiden Beispielen. Diese sind ganz ausführlich gerechnet. Sicherlich kannst du einzelne Aufgaben im Kopf rechnen.*

Beispiel: $21 : 7 \cdot 9 \cdot 4 : 9 = 3 \cdot 9 \cdot 4 : 9 = 27 \cdot 4 : 9 = 108 : 9 = \underline{\textbf{12}}$

Beispiel: $37 \cdot (100 : 4) \cdot 18 : (81 : 9) = 37 \cdot 25 \cdot 18 : 9 = \underline{\textbf{1 850}}$

a) $110 : 11 \cdot 15 : 3 : 25 \cdot 12 =$ _____ = _____ = _____

b) $72 \cdot 2 : 12 \cdot 7 \cdot 5 : 140 =$ _____ = _____ = _____

c) $240 : 12 : 5 \cdot 28 : 7 \cdot 8 =$ _____ = _____ = _____

d) $6 \cdot 2 \cdot (33 : 3) \cdot 5 \cdot 2 =$ _____ = _____ = _____

e) $720 : 30 : (2 \cdot 3) \cdot 8 \cdot 29 =$ _____ = _____ = _____

f) $26 \cdot 5 \cdot 4 : 10 \cdot (100 : 25) =$ _____ = _____ = _____

g) $1 600 : 40 \cdot 20 : 25 : (16 : 4) =$ _____ = _____ = _____

h) $49 : 7 \cdot 15 \cdot 10 : 50 \cdot 4 =$ _____ = _____ = _____

3. Anwendung der Regeln

1. *Setze in folgenden Rechenausdrücken die Klammer so, dass das Ergebnis erreicht wird. Schreibe wie im Beispiel. Wenn du einmal keine Klammer brauchst, dann schreibe die Aufgabe noch einmal daneben.*

Beispiel: $24 - 15 \cdot 3 = 27$ $\qquad$ $(24 - 15) \cdot 3 = 27$

a) $27 + 3 \cdot 4 = 120$ _____

b) $36 - 5 \cdot 6 = 6$ _____

c) $48 : 15 - 9 = 8$ _____

d) $125 : 74 + 51 = 1$ _____

e) $261 : 9 + 63 = 92$ _____

f) $85 - 2 \cdot 7,3 + 3,7 = 63$ _____

g) $9,4 + 16,8 : 15,6 - 15,2 = 65,5$ _____

2. *Die Regeln, die du nun kennen gelernt und geübt hast, sollst du nun auch im Zusammenhang üben. Rechne so viel wie möglich im Kopf.*

a) $19 + 3 \cdot 17 - 6 \cdot 11 =$ _____ = _____

b) $72 : 18 + 6 \cdot 19 - 41 =$ _____ = _____

c) $96 - 48 : 8 + 7 \cdot 12 =$ _____ = _____

d) $6\,770 - (24 + 36) \cdot 8 =$ _____ = _____

e) $465 : 5 - 26 : 2 \cdot 7 \ =$ _____ = _____

f) $712 : 8 + 11 - 8 \cdot 12 \ =$ _____ = _____

3. Rechne bei den folgenden Rechnungen so viel wie möglich im Kopf.

a) $4{,}65 + 3{,}07 \cdot 6{,}2 - 37{,}5 : 5 =$ _____ = _____

b) $127{,}3 - (12{,}24 + 31{,}2 \cdot 2) : 4 =$ _____ = _____

c) $31{,}5 : 7 + 26{,}3 \cdot 9 - 12{,}14 + 23{,}5 =$ _____ = _____

d) $\frac{3}{8} \cdot \frac{2}{3} + 15 \cdot (\frac{7}{8} - \frac{3}{4}) - \frac{1}{4} \cdot \frac{1}{2} =$ _____ = _____

e) $(5\frac{1}{3} + 2\frac{5}{6}) : (\frac{1}{2} + \frac{2}{3}) \cdot 5 =$ _____ = _____

f) $\frac{3}{4} : (\frac{3}{4} - \frac{1}{2}) + 3\frac{2}{5} + 5\frac{1}{8} =$ _____ = _____

g) $(14{,}4 + 6\frac{1}{4} \cdot \frac{3}{2}) : 7{,}5 =$ _____ = _____

h) $3\frac{1}{2} + \frac{1}{4} \cdot 14 - 1{,}5 =$ _____ = _____

i) $100{,}7 - 50{,}3 \cdot (\frac{1}{8} + \frac{1}{2}) + 56{,}31 : 3 =$ _____ = _____

4. Finde in den folgenden Aufgaben den Platzhalter. Setze <, > oder = ein.

Beispiel: $(4 \cdot 5 - 16 : 4) \cdot 7 +$ ☐ 46 $225 : 5 : 9 \cdot 22 + 48$

158 $=$ 158

a) $325 : 5 : 13 + 27 \cdot 4 : 12$ ☐ $96 : 4 + 117 : 3 : 13$

_____   _____

_____ ☐ _____

b) $(12 + 37) : 7 + 56 \cdot 4 : 8$ $(21 + 36 - 29) : 4 + 340 : 85 \cdot 9$

_____   _____

_____ ☐ _____

c) $(549 : 3 - 83) : (175 : 7)$ $(73 + 91) : 4 - (200 : 5) + 2$

_____   _____

_____ ☐ _____

d) $104 \cdot 7 : 4 - 77 \cdot 2$ ☐ $192 : 4 + 19 - (12 \cdot 4 - 9)$

_____ ☐ _____

e) $4{,}062 - 0{,}48 \cdot 5{,}9$ ☐ $318{,}84 : 30 - 16{,}6 \cdot 0{,}41$

_____ ☐ _____

f) $57{,}19 : 7 - 7 : 25 + 12{,}41$ ☐ $510{,}3 - 990{,}6 : 39 - 206{,}96 : 8$

_____ ☐ _____

g) $101{,}4 : 13 + 85{,}5 : 19 + 8$ ☐ $(3\,000 : 4 - 5{,}2 \cdot 19{,}5) : 600$

_____ ☐ _____

h) $3\frac{7}{9} + 2\frac{1}{6} - 3\frac{8}{9}$ ☐ $2\frac{1}{2} + 2\frac{7}{10} - 1\frac{4}{5}$

_____ _____

_____ ☐ _____

i) $3\frac{3}{4} - 2\frac{3}{5} + 5\frac{1}{2}$ ☐ $6\frac{2}{9} \cdot 4\frac{11}{16}$

_____ _____

_____ ☐ _____

j) $2\frac{7}{9} : 1\frac{2}{3}$ ☐ $5\frac{1}{2} : 2\frac{1}{2}$

_____ _____

_____ ☐ _____

k) $9\frac{4}{5} : 1\frac{3}{4} + 6\frac{2}{5}$ ☐ $4\frac{1}{6} : \frac{5}{9} + 3\frac{2}{5}$

_____ _____

_____ _____

____ ☐ ____

l) $2\frac{1}{4} \cdot 1\frac{2}{5} : 1\frac{3}{4}$ ☐ $\frac{3}{4} \cdot \frac{7}{5} + \frac{2}{3} \cdot \frac{4}{5}$

_____ _____

_____ _____

____ ☐ ____

5. Löse die folgenden Aufgaben, denke dabei an die Rechenregeln.

a) $(0,3029 - 0,00817 \cdot 28,9) : 3,29 + 0,9797 =$

_____

_____

b) $(170,4876 : 45,83 + 4,9 \cdot 3,5) \cdot 0,13 - 23,77 \cdot 0,03 =$

_____

_____

c) $(2,014 + 7,35) \cdot (42,382 - 4,882) - 51,15 =$

_____

_____

Mit Rechenausdrücken umgehen

1. Rechenausdrücke aufstellen

Schreibe wie im Beispiel als Rechenausdruck. Setze wenn nötig Klammern, rechne aber noch nicht aus.

Beispiel: Bilde die Summe aus 34 und 58 und dividiere durch 12:   (34 + 58) : 12 =

a) Dividiere 27 durch 41: _____

b) Subtrahiere 521 von 1 457: _____

c) Multipliziere 39 mit 134: _____

d) Addiere 96, 64 und 103: _____

e) Multipliziere 17 mit 26 und addiere 105: _____

f) Subtrahiere 27 vom Produkt aus 18 und 36: _____

g) Addiere 56 zum Quotienten aus 42 und 57: _____

h) Dividiere die Differenz aus 67 und 32 durch 98: _____

i) Addiere die Summe aus 21 und 45 zum Quotienten aus 128 und 63:

_____

j) Multipliziere das Produkt aus 213 und 768 mit der Differenz aus 187 und 76:

_____

Nun geht es umgekehrt. Formuliere die folgenden Rechenausdrücke in Worten. Schreibe wie im Beispiel.

Beispiel: 25 + 37 + 46   Addiere 25, 37 und 46

k) 124 − 32: _____

l)   34 • 23: _____

m) 34 + 56: _____

n) 234 : 65: _____

o) (123 − 76) • 321: _____

_____

p) 87 • 40 − 237: _____

_____

q) (36 + 87) : (454 − 87): _____

_____

r) 49 • (234 − 91) + 763: _____

_____

2. Rechenausdrücke durch geschicktes Zerlegen vereinfachen

Rechne wie im Beispiel. Du kannst auch schneller rechnen. Versuche, im Kopf zu rechnen.

Beispiel: $7 \cdot 56 = 7 \cdot 50 + 7 \cdot 6 = 350 + 42 = \underline{\mathbf{392}}$

a) $9 \cdot 84 =$ _____ = _____ = _____

b) $6 \cdot 39 =$ _____ = _____ = _____

c) $4 \cdot 97 =$ _____ = _____ = _____

d) $6 \cdot 127 =$ _____ = _____ = _____

e) $8 \cdot 598 =$ _____ = _____ = _____

f) $7 \cdot 854 =$ _____ = _____ = _____

g) $4 \cdot 1\,987 =$ _____ = _____ = _____

h) $3 \cdot 4\,756 =$ _____ = _____ = _____

i) $8 \cdot 6\,941 =$ _____ = _____ = _____

3. Rechenausdrücke durch vorteilhaftes Rechnen vereinfachen

Rechne wie in den Beispielen. Versuche im Kopf zu rechnen.

Beispiele: $2 \cdot 28 \cdot 5 = 10 \cdot 28 = 280$

$26 + 37 + 54 = 26 + 54 + 37 = \underline{\mathbf{117}}$

a) $4 \cdot 81 \cdot 25 =$ _____ = _____

b) $105 - 84 - 15 =$ _____ = _____

c) $5 \cdot 163 \cdot 20 =$ _____ = _____

d) $497 + 184 - 107 =$ _____ = _____

e) $8 \cdot 36 \cdot 125 =$ _____ = _____

f) $1\,055 - 294 + 145 =$ _____ = _____

g) $3,5 \cdot 15 \cdot 2 =$ _____ = _____

h) $3,7 + 15,29 + 4,3 =$ _____ = _____

i) $16,8 \cdot 7 \cdot 10 =$ _____ = _____

j) $12,25 + 109,51 - 0,25 =$ _____ = _____

k) $1\frac{1}{2} - \frac{4}{5} + \frac{1}{2} =$ _____ = _____

l) $6\frac{3}{4} + 7\frac{4}{9} + \frac{1}{4} =$ _____ = _____

4. Rechenausdrücke durch Ausklammern vereinfachen

Rechne auch hier wie im Beispiel. Nebenrechnungen passen auf die Seite.

Beispiel: $37 \cdot 21 + 37 \cdot 36 = 37 \cdot (21 + 36) = 37 \cdot 57 = \underline{\mathbf{2\ 109}}$

a) $54 \cdot 106 - 54 \cdot 28 =$

_____ =

_____ = _____

b) $31 \cdot 134 + 31 \cdot 49 =$

_____ =

_____ = _____

c) $81 \cdot 632 - 81 \cdot 85 =$

_____ =

_____ = _____

d) $4,5 \cdot 173 + 4,5 \cdot 31 =$

_____ =

_____ = _____

e) $\frac{3}{4} \cdot 164 - \frac{3}{4} \cdot 124 =$

_____ =

_____ = _____

5. Rechenausdrücke zuordnen

Ordne jedem Text einen Rechenausdruck auf der rechten Seite zu. Schreibe den zutreffenden Buchstaben in das Kästchen vor dem Rechenausdruck.

a) Addiere das Produkt aus 23 und 41 zu 124

☐ $(124 + 625) \cdot (432 - 312)$

b) Multipliziere die Summe aus 124 und 625 mit der Differenz aus 432 und 312.

☐ $(645 + 789) + (764 - 123)$

c) Subtrahiere den Quotienten aus 135 und und 47 von dem Produkt aus 32 und 89.

☐ $23 \cdot 41 + 124$

d) Dividiere die Summe aus 865 und 1 987 durch das Produkt aus 67 und 23.

$\square$ $(47 - 32) : (345 : 45)$

e) Addiere die Summe aus 645 und 789 zur Differenz aus 764 und 123.

$\square$ $(865 + 1\,987) : (67 \cdot 23)$

f) Dividiere die Differenz aus 47 und 32 durch den Quotienten aus 345 und 45.

$\square$ $32 \cdot 89 - 135 : 47$

6. Rechenausdrücke aufstellen und lösen

Schreibe zu folgenden Rechenplänen einen Rechenausdruck. Ergänze die fehlenden Zahlen und Rechenzeichen. Schreibe wie im Beispiel.

Beispiel:

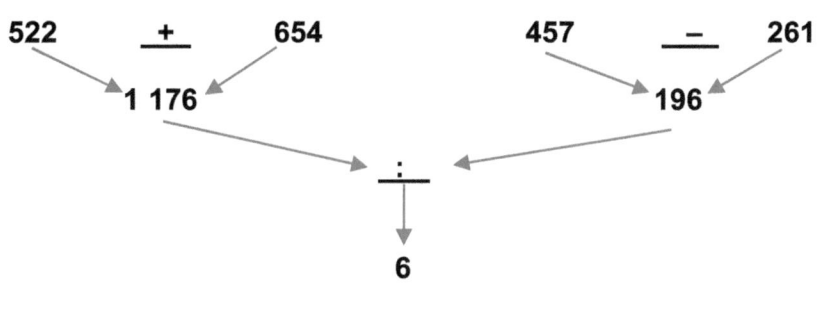

a)

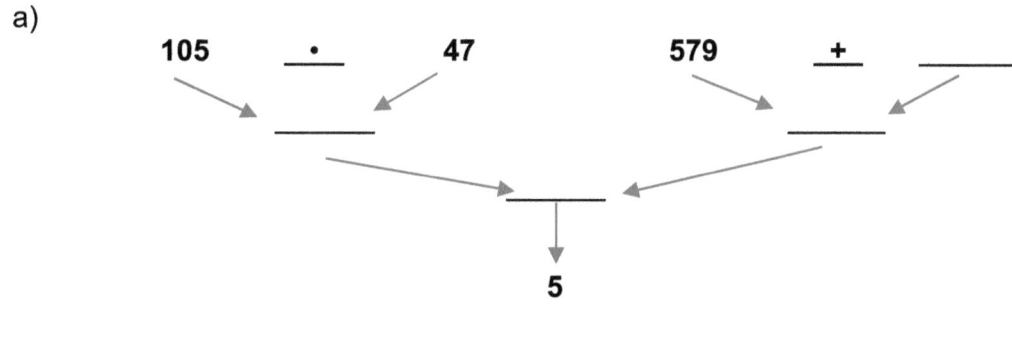

b)

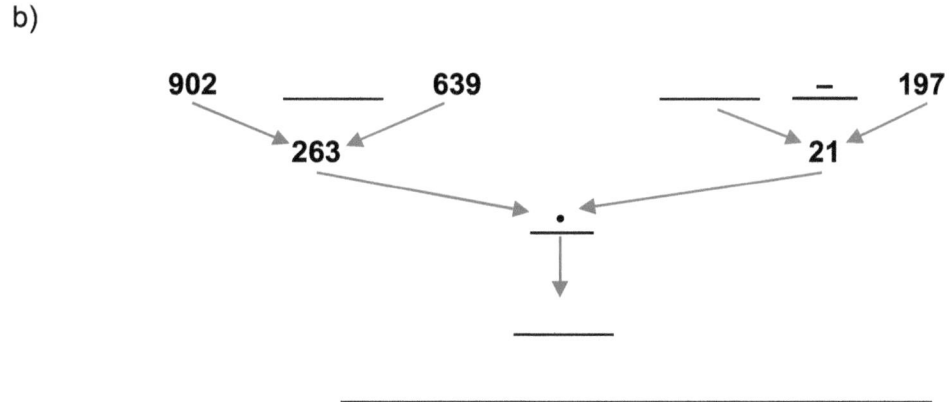

c)

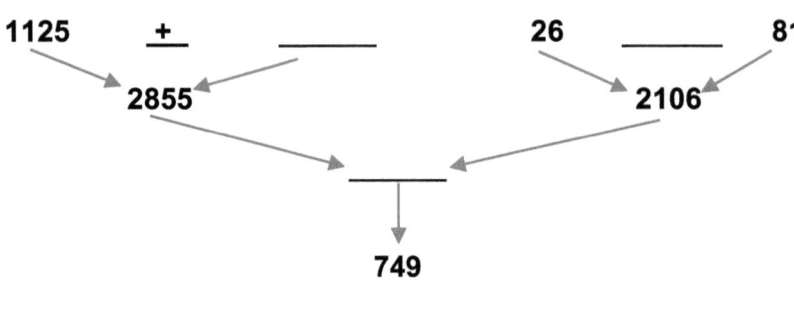

749

_____

d)

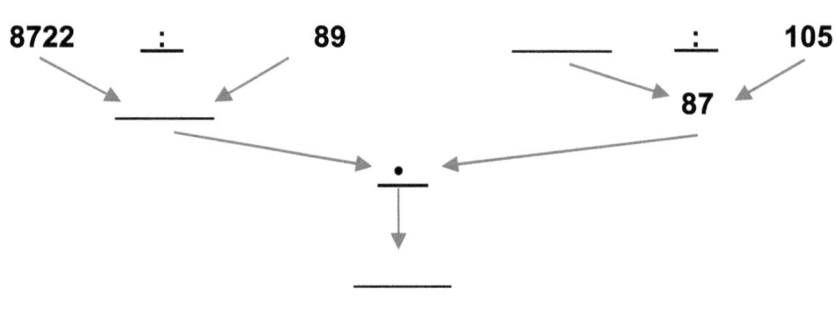

_____

e)

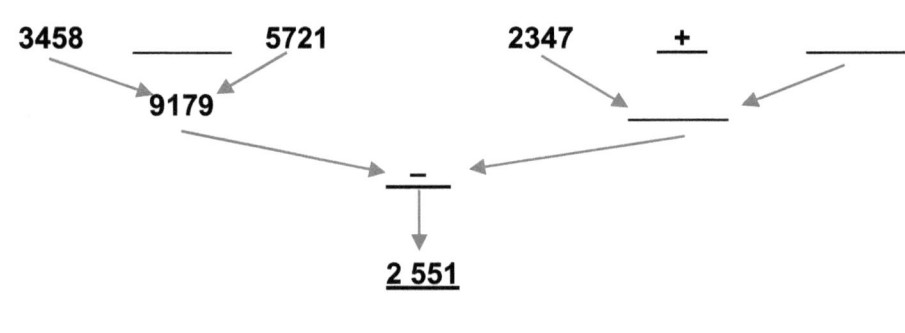

2 551

_____

Löse die folgenden Rechenausdrücke wie im Beispiel.

Beispiel: (63 – 5 – 4) • 7 – 12 • 9 = 54 • 7 – 108 = 378 – 108 = **270**

f) (57 + 23 + 65) • (34 – 25 + 13) =

_____ =

_____ = _____

g) 12 • 7 + 3 • (168 – 76) + 9 • 140 =

_____ =

_____ = _____

h) 35 + (100 − 3 • 5) : (3 • 25 − 2 • 29) =

_____ =

_____ = _____

i) 21 + (187 − 15 • 12) • 28 =

_____ =

_____ = _____

j) (788 • 2 + 394 : 2) : (125 − 61 • 2) =

_____ =

_____ = _____

k) 245 : 35 + (178 − 54) : 4 + 122 =

_____ =

_____ _____ = _____

l) 1 000 : 125 • 759 : 12 − 490 =

_____ =

_____ = _____

m) 9,7 • 2,1 + 0,78 − 4,6 • 1,7 =

_____ =

_____ = _____

n) 115,2 : 45 + 36,6 : 61 − 1,95 =

_____ =

_____ = _____

o) 153,17 : 1,7 − 261,9 : 4,5 =

_____ =

_____ = _____

p) $(\frac{7}{9} - \frac{1}{2}) : 5\frac{5}{9}$ =

_____ =

_____ = _____

q) $(\frac{5}{6} - \frac{3}{10}) : (8\frac{5}{12} + 2\frac{1}{4}) =$

_____ =

_____ = _____

Erstelle jeweils einen Rechenausdruck und rechne ihn aus. Schreibe wie im Beispiel.

Beispiel: Addiere 27 zum Produkt aus 31 und 49.　　　$27 + 31 \cdot 49 = 27 + 1\,519 = \underline{\mathbf{1\,546}}$

r) Subtrahiere vom Produkt aus 11, 12 und 13 die Summe aus 345 und 570.

_____

_____

_____

s) Dividiere die Summe aus 548 359 und 252 681 durch 136 und addiere 110.

_____

_____

_____

t) Multipliziere den Quotienten aus 2 173 und 41 mit der Differenz aus 343 und 567.

_____

_____

_____

u) Addiere die Summe aus 654 und 345 zur Differenz aus 1 389 und 879 und dividiere das Ergebnis durch 503.

_____

_____

_____

v) Multipliziere die Summe aus 4,2 und 3,7 mit 4,8 und subtrahiere davon das Produkt aus 2,5 und 6,87.

_____

_____

_____

w) Addiere zum Quotienten aus $\frac{6}{5}$ und $\frac{3}{10}$ das Produkt aus $\frac{6}{5}$ und $\frac{3}{10}$.

_____

_____

_____

x) Dividiere die Differenz aus $\frac{1}{12}$ und $\frac{1}{20}$ durch die Differenz aus $\frac{1}{5}$ und $\frac{1}{6}$

_____

_____

_____

7. Rechenausdrücke mit gleichem Wert zuordnen

Ordne jedem Rechenausdruck auf der linken Seite den entsprechenden der rechten Seite zu.
Beide müssen jedoch den gleichen Wert haben.
Schreibe den Buchstaben des zugeordneten Rechenausdrucks in das Kästchen davor.

a) $(33 + 27) \cdot 8$ _____ $125 : 5 + 75$

b) $12 \cdot 5 + 120 - 80$ _____ $26 \cdot 6 - (156 - 100)$

c) $(73 - 64) \cdot 17$ _____ $10 \cdot 12 + 64 : 4$

d) $5 \cdot 23 - 3 \cdot 5$ _____ $120 \cdot 4$

e) $32 : 4 \cdot 11 + 12 \cdot 4$ _____ $37 \cdot 3 - (81 + 28)$

f) $(156 - 132) : (1\ 043 - 1\ 031)$ _____ $12 \cdot 18 - 63$

8. Rechenausdrücke mit gleichem Wert aufstellen

Stelle zu dem vorgegebenen Rechenausdruck einen auf, der den gleichen Wert hat.

a) $124 : 4 - 30$ = _____

b) $(56 + 54) : 11$ = _____

c) $(212 - 154) \cdot 2 + 64$ = _____

d) $315 : 5 : 9 \cdot (225 - 125)$ = _____

Stelle nun selbst Rechenausdrücke auf und finde jeweils einen dazu, der den gleichen Wert hat.

_____ = _____

_____ = _____

_____ = _____

_____ = _____

_____ = _____

_____ = _____

_____ = _____

9. Sachaufgaben als Rechenausdrücke darstellen und lösen.

Erstelle zu den folgenden Sachaufgaben einen Rechenausdruck und löse ihn. Schreibe einen Antwortsatz. Vergiss die Benennung nicht. Schreibe wie im Beispiel.
Manchmal gibt es mehrere Möglichkeiten.

Beispiel: Der Großhändler erhält 25 Kisten Orangen, die Kiste zu 7,45 €. Für Fracht und Steuern bezahlt er insgesamt 125 €. Wie teuer kommt eine Kiste?

$$125 : 25 + 7,45 =$$
$$5 + 7,45 =$$
$$= \underline{\mathbf{12,45 \; [€]}}$$ **Antwort:** Eine Kiste kostet 12,45 €

a) *Im Sommerschlussverkauf kosten Jacken statt 146,45 € nur 112 € und leichte Hosen anstatt 87,35 € nur 71,75. Herr Flott kauft zwei Hosen und eine Jacke. Wieviel Geld spart er?*

Rechenausdruck: _____

Rechnung: _____

_____

Antwort: _____

b) *Frau Munter geht mit 50 € zum Getränkemarkt. Sie kauft 2 Kästen Wasser zu je 2,88 €. Das Pfand beträgt pro Kasten 4,90 €, 3 Kästen Limo zu 11,89 € inklusive Pfand und ein Kasten Bier zu 12,90 €. Das Pfand dafür beträgt 3,10 €. Zusätzlich gibt sie Leergut ab: 3 Wasserkästen und 2 Bierkästen. Wieviel Geld hat sie noch im Geldbeutel?*

Rechenausdruck: _____

Rechnung: _____

_____

Antwort: _____

c) *Herr Sparsam hat dreimal im Jahr Öl gekauft. Das erste Mal brauchte er 500 l zu 0,75 €, das zweite Mal waren es 1400 l zu 0,62 € und beim dritten Mal kaufte er 2300 l zu 0,71 €. Wieviel Geld hat er in diesem Jahr für Heizöl ausgegeben?*

Rechenausdruck: _____

Rechnung: _____

_____

Antwort: _____

d) Evi hat Geburtstag. Für die Tombola kauft sie 8 Preise zu je 1,25 €, 4 Preise zu je 1,45 € und 2 Preise zu je 1,75 €. Außerdem besorgt sie 2 Bogen Geschenkpapier zu je 0,95 € und 1 Packung Luftballons zu 2,57 €. Was gibt sie aus?

Rechenausdruck: _____

Rechnung: _____

_____

Antwort: _____

e) Die Firma Hans Meier erhält eine Lieferung Elektrogeräte. Es werden 7 Waschmaschinen zu je 479 €, 3 Wäschetrockner zu je 409 € und 12 Spülmaschinen zu je 499 € geliefert. Welchen Wert hat die Lieferung?

Rechenausdruck: _____

Rechnung: _____

_____

Antwort: _____

f) Peter spart regelmäßig für ein Fahrrad. Er zahlt in 5 Monaten folgende Beträge ein: 139 €, 97,50 €, 65,98 € 234,40 € und 32,22 €. Wieviel Geld hat er durchschnittlich im Monat gespart?

Rechenausdruck: _____

Rechnung: _____

_____

Antwort: _____

g) Klaus hat zum Geburtstag 100 € bekommen und kauft sich dafür Kassetten und CDs. Die Kassetten kosten im Fünfer-Pack 7,99 €, die CDs im Zehner-Pack 5,60 €. Wie viele Packungen kann er kaufen und wie viel Geld bleibt übrig?

Rechenausdruck: _____

Rechnung: _____

_____

Antwort: _____

h) Ein Radfahrer fährt 16,25 km /h. Wie weit ist er nach einer Fahrzeit von 3 Stunden 45 Minuten von seinem ursprünglichen Ziel (90 km) entfernt.

Rechenausdruck: _____

Rechnung: _____

_____

Antwort: _____

i) Peter hat 80 € auf dem Sparbuch und möchte sich in 4 Monaten ein neues Fahrrad kaufen, das 480 € kostet. Seine Eltern geben ihm den dritten Teil des Kaufpreises, sein Pate den vierten Teil dazu. Wie viel muss Peter in den jedem Monat sparen?

Rechenausdruck: _____

Rechnung: _____

_____

Antwort: _____

j) Der Geflügelhändler Bauer leiht sich von seinem Nachbarn Geld und bezahlt die Zinsen mit Eiern, die je einen Wert von 0,25 € haben. Bei der Bank hätte er 12,50 € Zinsen zahlen müssen. Wie viele Eier muss er dafür dem Nachbarn geben?

Rechenausdruck: _____

Rechnung: _____

_____

Antwort: _____

Gleichungen kennen lernen

1. Die Unbekannte x

In der Grundschule hast du oft mit Platzhaltern gerechnet. Der Platzhalter steht für die Zahl, die berechnet werden soll. In der Mathematik nennt man diesen Platzhalter auch Unbekannte oder Variable.

Wichtig:

Die Unbekannte wird meist mit x bezeichnet. Sie kann aber auch mit jedem Buchstaben des ABC belegt werden.

Eine Aufgabe mit einer Unbekannten heißt Gleichung.

Schreibe beim Rechnen mit Gleichungen unbedingt untereinander.

Schreibe das Zeichen für = immer untereinander.

Bei Gleichungen werden nie Benennungen mitgeführt. Sie erscheinen nur beim Ergebnis in eckiger Klammer.

---

2. Die Variable x mit einer Zahl belegen

Ersetze in den folgenden Aufgaben den Platzhalter so, dass sich rechts und links des Gleichheitszeichens der gleiche Wert ergibt. Schreibe wie im Beispiel.

Beispiel: $7 + 2 = 27 : \underline{\mathbf{3}}$

a) $51 + 34 = 17 \cdot \underline{}$

b) $29 \cdot 11 = 568 - \underline{}$

c) $22 \cdot \underline{} = 341 \cdot 2$

d) $49 + \underline{} = 1\,145 : 5$

e) $129 + \underline{} = 141 \cdot 3$

f) $\underline{} : 7 : 7 = 882 : 9$

g) $910 - 491 + \underline{} = 70 \cdot 60$

h) $625 : \underline{} = 125 : 5$

i) $333 : \underline{} + 444 = 1\,000 - 445$

j) $\underline{} - 753 - 198 = 3$

k) $425 + \underline{} = 211 \cdot 7 - 422$

l) $\underline{} : 3 - 7 \cdot 7 = 100$

m) $45 \cdot \underline{} - 25 \cdot 5 = 200 : 2$

n) $\underline{} : 8 + 122 = 200$

Vielleicht hast du bei einigen Aufgaben Schwierigkeiten gehabt, den Wert für x zu ermitteln und hast mit verschiedenen Zahlen ausprobiert.

Auf den folgenden Seiten lernst du verschiedene Lösungsmöglichkeiten kennen.

3. Lösen einer Gleichung durch Tabellen

Beispiel: 32 + 3 • x ist ein Rechenausdruck. x ist die Unbekannte, die Variable. Sie kann jede Zahl von 0 bis unendlich (y) sein. Für jede Zahl, die du für x einsetzt, ergibt sich ein anderer Wert des Rechenausdrucks. Den Wert des Rechenausdrucks bezeichnen wir mit y und rechnen ihn aus.

für x = 0: y = 32,   denn 32 + 3 • 0 = 32;
für x = 1: y = 35,   denn 32 + 3 • 1 = 35;
für x = 2: y = 38,   denn 32 + 3 • 2 = 38; usw.

Berechne in den folgenden Rechenausdrücken den Wert für y. Ergänze die Tabelle.
Schreibe die Nebenrechnungen auf ein gesondertes Blatt.

a) Rechenausdruck	x = 1	x = 2	x = 3	x = 4	x = 5
27 + 13 • x = y	y =	y =	y =	y =	y =
131 – 8 • x = y	y =	y =	y =	y =	y =
420 : x + x = y	y =	y =	y =	y =	y =
x • x + 139 = y	y =	y =	y =	y =	y =
(x + 9) • 8 = y	y =	y =	y =	y =	y =
(14 – x) + 12 = y	y =	y =	y =	y =	y =

b) Rechenausdruck	x = 6	x = 7	x = 8	x = 9	x = 10
x + 41 – 35 = y	y =	y =	y =	y =	y =
3 • x + 714 = y	y =	y =	y =	y =	y =
2 520 : x – 176 = y	y =	y =	y =	y =	y =
(x + 26) • x = y	y =	y =	y =	y =	y =
455 : 5 – x = y	y =	y =	y =	y =	y =
125 – x • 10 = y	y =	y =	y =	y =	y =

c) Rechenausdruck	x = 4	x = 8	x = 3	x = 6	x = 10
3,24 + 0,25 • x = y	y =	y =	y =	y =	y =
x • x + 6,1 • x = y	y =	y =	y =	y =	y =
$\frac{1}{4}$ • x + $\frac{2}{5}$ = y	y =	y =	y =	y =	y =
$\frac{1}{2}$ • x + $\frac{1}{4}$ = y	y =	y =	y =	y =	y =
2,4 : x – 0,2 = y	y =	y =	y =	y =	y =

d) Rechenausdruck	x = 3,5	x = 4,3	x = 7	x = 8	x = $\frac{1}{2}$
0,75 • (2 + x) = y	y =	y =	y =	y =	y =
(x + 2) • x = y	y =	y =	y =	y =	y =
100 – x + 2 • x = y	y =	y =	y =	y =	y =
25 : x + 3 • x = y	y =	y =	y =	y =	y =
11,5 • x – (5 + x) = y	y =	y =	y =	y =	y =
x • 4 + x • 3 = y	y =	y =	y =	y =	y =
23 + x • x – 12 = y	y =	y =	y =	y =	y =

e)   *Jeder Rechenausdruck soll das Endergebnis 16 haben)*
     Probiere mit Hilfe einer Tabelle aus. Schreibe wie im Beispiel.

Beispiel: Ergebnis des Rechenausdrucks **16**

$$(24 - x) - 3 = y \qquad 48 : 12 • x = y \qquad (25 + x) : 2 = y$$

x = 1: y = 20	y = 4	y = 13
x = 2: y = 19	y = 8	y = 13,5
x = 3: y = 18	y = 12	y = 14
x = 4: y = 17	**y = 16**	y = 14,5
x = 5: **y = 16**		y = 15
x = 6:		y = 15,5
x = 7:		**y = 16**

Ergebnis des Rechenausdrucks: **52**

(2 • x + 16) • 2 = y   26 • x – 120 – 8 • 11 = y   (4 • 25 + x) : 2 = y

x = 1 y = _____	y = _____	y = _____
x = 2 y = _____	y = _____	y = _____
x = 3 y = _____	y = _____	y = _____
x = 4 y = _____	y = _____	y = _____
x = 5 y = _____	y = _____	y = _____
x = 6 y = _____	y = _____	y = _____
x = 7 y = _____	y = _____	y = _____
x = 8 y = _____	y = _____	y = _____
x = 9 y = _____	y = _____	y = _____
x = 10 y = _____	y = _____	y = _____
x = 11 y = _____	y = _____	y = _____
x = 12 y = _____	y = _____	y = _____
x = 13 y = _____	y = _____	y = _____

Ergebnis des Rechenausdrucks: **96**

$156 - x - x \cdot 9 = y$	$521 - 24 \cdot x - 329 = y$	$1008 : 6 - 8 \cdot x = y$
x = 1 y = _____	y = _____	y = _____
x = 2 y = _____	y = _____	y = _____
x = 3 y = _____	y = _____	y = _____
x = 4 y = _____	y = _____	y = _____
x = 5 y = _____	y = _____	y = _____
x = 6 y = _____	y = _____	y = _____
x = 7 y = _____	y = _____	y = _____
x = 8 y = _____	y = _____	y = _____
x = 9 y = _____	y = _____	y = _____

Ergebnis des Rechenausdrucks: **125**

$750 : x - x \cdot x = y$	$(x + x \cdot 20) \cdot 2 - 1 = y$	$(x \cdot 24 + 306 : x) : 2 = y$
x = 1 y = _____	y = _____	y = _____
x = 2 y = _____	y = _____	y = _____
x = 3 y = _____	y = _____	y = _____
x = 4 y = _____	y = _____	y = _____
x = 5 y = _____	y = _____	y = _____
x = 6 y = _____	y = _____	y = _____
x = 7 y = _____	y = _____	y = _____
x = 8 y = _____	y = _____	y = _____
x = 9 y = _____	y = _____	y = _____

Ergebnis des Rechenausdrucks: **1 024**

$34 \cdot x \cdot 2 - x \cdot 15 - 36 = y$ $x \cdot (735 - 671) = y$ $(4\,570 + 110 \cdot x) : x = y$

x = 2 y = _____	y = _____	y = _____
x = 3 y = _____	y = _____	y = _____
x = 4 y = _____	y = _____	y = _____
x = 5 y = _____	y = _____	y = _____
x = 6 y = _____	y = _____	y = _____
x = 7 y = _____	y = _____	y = _____
x = 8 y = _____	y = _____	y = _____
x = 9 y = _____	y = _____	y = _____
x = 10 y = _____	y = _____	y = _____
x = 11 y = _____	y = _____	y = _____
x = 12 y = _____	y = _____	y = _____
x = 13 y = _____	y = _____	y = _____
x = 14 y = _____	y = _____	y = _____
x = 15 y = _____	y = _____	y = _____
x = 16 y = _____	y = _____	y = _____
x = 18 y = _____	y = _____	y = _____
x = 19 y = _____	y = _____	y = _____
x = 19 y = _____	y = _____	y = _____
x = 20 y = _____	y = _____	y = _____

4. Gleichungen lösen durch die Umkehraufgabe

Du weißt, dass Addition und Subtraktion, sowie Multiplikation und Division jeweils Umkehraufgaben sind.

Beispiele: 27 + 14 = 41   41 – 14 = 27   41 – 27 = 14

53 – 21 = 32   21 + 32 = 53   53 – 32 = 21

16 • 24 = 384   384 : 16 = 24   384 : 24 = 16

475 : 19 = 25   19 • 25 = 475   475 : 25 = 19

Diese Tatsache sollst du nun auch beim Lösen von Gleichungen verwenden.

1. Löse die folgenden Aufgaben durch die Umkehraufgabe. Schreibe wie im Beispiel.

Beispiele: 143 + x = 324   oder: 367 – x   = 154

x = 324 – 143   367 – 154 = x

x = 181   **213 = x**

56 • x = 2 632   oder: 2 378 : x   = 29

x = 2 632 : 56   2 378 : 29 = x

x = 47   **82 = x**

Um die Richtigkeit deiner Lösung zu überprüfen, solltest du immer eine Probe machen. Setze in den folgenden Gleichungen für x den Wert ein, den du errechnet hast und überprüfe durch die Probe.

Probe: 143 + 181 = 324   367 – 213 = 154

324 = 324   154 = 154

56 • 47 = 2 632   2 378 : 82 = 29

2 632 = 2 632   29 = 29

a) 532 + x = 790   **Probe:**   b) 540 + x = 901   **Probe:**

_____   _____

_____   _____

c) 984 – x = 808   **Probe:**   d) 626 – x = 194   **Probe:**

_____   _____

_____   _____

e) x + 854 = 1 093   **Probe:**   f) x – 5 093 = 4 931   **Probe:**

_____   _____

_____   _____

g) 8,743 + x = 15,632   **Probe:**   h) 9,901 – x = 0,64   **Probe:**

_____   _____

_____   _____

i) $x + \frac{1}{4} = \frac{5}{12}$ **Probe:**

_____

_____

j) $\frac{5}{6} - x = \frac{3}{8}$ **Probe:**

_____

_____

k) $\frac{2}{5} + x = \frac{8}{15}$ **Probe:**

_____

_____

l) $75 - x = \frac{1}{3}$ **Probe:**

_____

_____

m) $134 \cdot x = 1\,608$ **Probe:**

_____

_____

n) $126 : x = 21$ **Probe:**

_____

_____

o) $x \cdot 57 = 7\,752$ **Probe:**

_____

_____

p) $x : 59 = 735$ **Probe:**

_____

_____

q) $10\,878 = 98 \cdot x$ **Probe:**

_____

_____

r) $872 = 11\,336 : x$ **Probe:**

_____

_____

s) $x \cdot 31,7 = 808,35$ **Probe:**

_____

_____

t) $946,68 : x = 19,6$ **Probe:**

_____

_____

u) $\frac{2}{5} \cdot x = 7$ **Probe:**

_____

_____

v) $x : 1\frac{1}{4} = 1\frac{3}{5}$ **Probe:**

_____

_____

w) $2,2 \cdot x = 2\frac{1}{5}$ **Probe:**

_____

_____

x) $0,175 \cdot x = \frac{7}{8}$ **Probe:**

_____

_____

2. *Löse die folgenden Aufgaben schrittweise. Schreibe wie in den Beispielen.*

Tipp: Rechne schrittweise, dann kommst du schneller zum Ergebnis.

Beispiele: $(x + 7) \cdot 5 = 55$

$(x + 7) = 55 / : 5$

$x + 7 = 11$

$x = 11 / - 7$

$\underline{x = 4}$

Probe: $(4 + 7) \cdot 5 = 55$

$11 \cdot 5 = 55$

$55 = 55$

$(919 - 2 \cdot x) : 7 = 105$
$(919 - 2 \cdot x) = 105 \; / \cdot 7$
$919 - 2 \cdot x = 735$
$2 \cdot x = 919 \; / - 735$
$2 \cdot x = 184$
$x = 184 \; / : 2$
$\underline{x = 92}$

Probe: $(919 - 184) : 7 = 105$
$735 : 7 = 105$
$105 = 105$

a) $(x + 19) \cdot 27 = 675$ **Probe:**

_____
_____
_____

b) $(x - 31) : 15 = 2$ **Probe:**

_____
_____
_____

c) $(4 \cdot x - 19) : 27 = 7$ **Probe:**

_____
_____
_____

d) $(35 : x + 4) : 11 = 1$ **Probe:**

_____
_____
_____

e) $(28 + 3 \cdot x) \cdot 9 = 495$ **Probe:**

_____
_____
_____

f) $(x - 332) \cdot 28 = 1\,904$ **Probe:**

_____
_____
_____

g) $(x : 24) - 175 = 17$ **Probe:**

_____
_____
_____

h) $(39 + x) \cdot 51 = 3\,111$ **Probe:**

_____
_____
_____

i) $(x + 8{,}25) \cdot 0{,}4 = 3{,}98$ **Probe:**

_____
_____
_____

j) $4{,}7 \cdot 5 = 6{,}6 + 13 \cdot x$ **Probe:**

_____
_____
_____

k) $x : \frac{3}{4} - 0{,}5 = 17{,}6$ **Probe:**

_____
_____
_____
_____

l) $9 \cdot x - 1\frac{1}{2} = 1\frac{1}{2}$ **Probe:**

_____
_____
_____
_____

5. Einfache Gleichungen aufstellen und durch die Umkehraufgabe lösen

Bevor wir einfache Textaufgaben aufstellen, wollen wir einige vorbereitende Übungen machen.

1. Setze die folgenden Texte in mathematische Zeichen um. Schreibe wie im Beispiel.

addiere zu einer Zahl 5: $\qquad$ $x + 5$

a) subtrahiere von einer Zahl 7: _____

b) multipliziere eine Zahl mit 19: _____

c) multipliziere 532 mit einer Zahl: _____

d) dividiere eine Zahl durch 135: _____

e) dividiere 3 567 durch eine Zahl: _____

f) addiere zur Differenz aus 3 und einer Zahl 9: _____

g) subtrahiere vom Produkt aus 6 und einer Zahl 41: _____

h) multipliziere den Quotienten aus 2 289 und 31 mit einer Zahl. _____

i) addiere eine Zahl zum Produkt aus 67 und der Zahl: _____

j) dividiere die Summe aus 43 und 39 durch eine Zahl: _____

k) multipliziere die Differenz aus 54 und einer Zahl
mit der Summe aus 34 und der Zahl: _____

l) addiere die Summe aus 769 und einer Zahl zur Differenz
aus 984 und einer Zahl: _____

m) multipliziere das 4–fache einer Zahl mit 765: _____

n) addiere zum 3-fachen einer Zahl das 7-fache der Summe
aus 17 und der Zahl: _____

o) multipliziere 4,6 und 3,4 mit dem 9-fachen der Summe
aus 7,6 und einer Zahl: _____

p) subtrahiere vom Quotienten aus 59,5 und einer Zahl
die 15-fache Differenz aus 768,98 und 34,234: _____

q) addiere $1\frac{1}{2}$ zu einer Zahl und du erhältst 3,547: _____

r) dividiere die Summe aus 34,5 und 14,6 durch eine Zahl: _____

2. *Stelle nun selbst Gleichungen auf und löse sie durch die Umkehraufgabe. Schreibe wie im Beispiel. Überprüfe mit der Probe.*

Beispiel: Peter denkt sich eine Zahl und addiert dazu 435. Er erhält 798.

$x + 435 = 798$ **Probe:** $363 + 435 = 798$

      $x = 798 \, / - 435$ $798 = 798$

      $x = 363$

a) *Welche Zahl muss ich zu 456 addieren, um 3 213 zu erhalten?*

_____   **Probe:**

_____

_____

b) *Wenn ich 453 zu einer Zahl addiere, erhalte ich 909.*

_____   **Probe:**

_____

_____

c) *Wenn ich eine Zahl mit 124 multipliziere, erhalte ich 34 472.*

_____   **Probe:**

_____

_____

d) *Kristina dividiert eine Zahl durch 4 und erhält das Produkt aus 136 und 7.*

_____   **Probe:**

_____

_____

e) *Udo dividiert eine Zahl durch 135 und erhält die 5-fache Summe aus 23 und 81. Wie heißt die Zahl?*

_____   **Probe:**

_____

_____

f) Tanja dividiert die Summe aus 543 und 457 durch 125 und erhält das 2-fache einer Zahl. Wie heißt die Zahl?

_____ **Probe:**

_____

_____

g) Kerstin multipliziert die Differenz aus 454 und 931 mit 45 und addiert dazu eine Zahl. Als Ergebnis erhält sie 21 600. Wie heißt die Zahl?

_____ **Probe:**

_____

_____

h) Paula addiert den 5. Teil einer Zahl zu 4,56 und erhält 5,21. Wie heißt die Zahl?

_____ **Probe:**

_____

_____

i) Wenn ich das 3-fache einer Zahl zu 34,56 addiere erhalte ich ebenso viel, wie wenn ich 369,45 durch 7,5 dividiere. Wie heißt die Zahl?

_____ **Probe:**

_____

_____

j) Ich dividiere den Quotienten aus 952,56 und 2,1 durch eine Zahl und erhalte die Differenz aus 200 und 74. Wie heißt die Zahl?

_____ **Probe:**

_____

_____

k) Moni subtrahiert vom Produkt aus 2,3 und 40,5 eine Zahl und erhält den Quotienten aus 1 437,15 und 100,5. Wie heißt die Zahl?

_____ **Probe:**

_____

_____

l) *Klaus subtrahiert das zweifache einer Zahl vom fünffachen der gleiche Zahl und erhält*
   als Ergebnis 60. Wie heißt die Zahl?

_____   **Probe:**

_____

_____

6. Gleichungen lösen durch Umformen – Wichtige Regeln

Es gibt noch eine zweite Möglichkeit, Gleichungen zu lösen. Sie wird immer dann angewendet, wenn es sich um schwierigere Gleichungen handelt.
Die Gleichung wird dabei in kleinen Schritten umgeformt.

Wichtig dabei ist, dass alles, was auf der einen Seite verändert wird (z.B. addiert oder subtrahiert, multipliziert oder auch dividiert) auch auf der anderen Seite der Gleichung geschieht.
Nur so bleibt die Gleichung im Gleichgewicht.

Für das Lösen von Gleichungen gibt es folgende Regeln, die du auch später in höheren Klassen beachten musst.

1. Regel: Löse erst die Klammern auf und rechne aus. Beachte dabei aber die Rechenregeln:
– Klammer geht vor
– Punkt vor Strich
– Punktrechnungen nacheinander rechnen.

2. Regel: Fasse auf beiden Seiten zusammen und rechne aus, soweit es geht.

3. Regel: Stelle x alleine auf eine Seite.

4. Regel: Rechne x aus.

5. Regel: Mache die Probe.

In einem ganz einfachen Beispiel wollen wir dir alle vier Regeln zeigen.
Wir schreiben dir in Klammer dazu, welche Regel angewandt wurde.

Der Strich (/) hinter einer Zeile bedeutet, dass diese Rechenoperation mit beiden Seiten der Gleichung ausgeführt wurde.

Beispiel: $5 \cdot (27 - 12) + x + 125 = 1\,624 : 8$ (Regel 1)
$75 + x + 125 = 203$ (Regel 2)
$200 + x = 203 \; / - 200$ (Regel 3)
$x = 203 - 200$ (Regel 4)
x = 3

Probe: $5 \cdot (27 - 12) + 3 + 125 = 1\,624 : 8$ (Regel 5)
$75 + 128 = 203$
$203 = 203$

Bei den folgenden Aufgaben wirst du nicht immer alle Regeln benötigen. Gehe aber unbedingt schrittweise vor und denke an das Gleichgewicht in einer Gleichung. Gewöhne dir auch gleich den Strich (/) am Ende der Gleichung an. Zu den einzelnen Gleichungsarten erhältst du immer zuerst ein Beispiel. Halte dich in der Lösung an dieses Beispiel. Vergiss am Schluss die Probe nicht.

1. *Rechne den Wert für x aus. Schreibe wie im Beispiel.*

Beispiel: $x + 98 = 52 + 124$ **Probe:** $78 + 98 = 52 + 124$
$$x + 98 = 176 \ / - 98$$
$$176 = 176$$
$$x = 78$$

a) $x + 87 = 21 \cdot 7$ **Probe:**   b) $x - 321 = 43 + 3 \cdot 9$ **Probe:**

_____   _____

_____   _____

c) $27 + x = 230 : 2$ **Probe:**   d) $x + 21 = 158 + 420 : 70$ **Probe:**

_____   _____

_____   _____

e) $x - 25 : 5 = 51$ **Probe:**   f) $x - 90 \cdot 7 = 192 : 8$ **Probe:**

_____   _____

_____   _____

g) $6,5 + x = 11,28$ **Probe:**   h) $x + 89,9 \cdot 1,2 = 200,8$ **Probe:**

_____   _____

_____   _____

i) $x + \frac{1}{2} = 5\frac{4}{5}$ **Probe:**   j) $3,5 - \frac{1}{4} + x = 27,3$ **Probe:**

_____   _____

_____   _____

2. *Rechne den Wert für x aus. Schreibe wie im Beispiel.*

Beispiel: $2 \cdot x = 673 + 123$ **Probe:** $2 \cdot 398 = 673 + 123$
$$2 \cdot x = 796 \ / : 2$$
$$96 = 796$$
$$x = 796 : 2$$
$$\underline{\mathbf{x = 398}}$$

$x : 27 = 125 - 41$ **Probe:** $2\ 268 : 27 = 125 - 41$
$$x : 27 = 84 \ / \cdot 27$$
$$84 = 84$$
$$x = 84 \cdot 27$$
$$\underline{\mathbf{x = 2\ 268}}$$

k) $5 \cdot x = 210 : 14$ **Probe:**

_____

_____

l) $11 \cdot x = 125 + 54 \cdot 4$ **Probe:**

_____

_____

m) $x : 81 = 213 : 3$ **Probe:**

_____

_____

n) $85 \cdot x = 35 \cdot 17 + 340$ **Probe:**

_____

_____

o) $x \cdot 9 = 8\,964 : 12$ **Probe:**

_____

_____

p) $675 \cdot x = 3\,629 - 254$ **Probe:**

_____

_____

q) $65,3 \cdot x = 163,25 : 2,5$ **Probe:**

_____

_____

r) $x \cdot \frac{3}{4} = 1\frac{3}{8} - \frac{1}{4}$ **Probe:**

_____

_____

s) $x : 2,5 = 14,8 \cdot 2,9$ **Probe:**

_____

_____

t) $0,3 \cdot x = \frac{5}{6} + 1\frac{1}{3}$ **Probe:**

_____

_____

3. Rechne den Wert für x aus. Schreibe wie im Beispiel.

Beispiel: $5 \cdot (124 - 81) + 2 \cdot x = 1\,985 - 874$
$$5 \cdot 43 + 2 \cdot x = 1\,111$$
$$215 + 2 \cdot x = 1\,111 \:/ - 215$$
$$2 \cdot x = 896 \:/ : 2$$
$$x = 896 : 2$$
$$\underline{\mathbf{x = 448}}$$

Probe: $5 \cdot (124 - 81) + 2 \cdot 448 = 1\,985 - 874$
$$215 + 896 = 1\,111$$
$$1\,111 = 1\,111$$

a) $4 \cdot x + (12 \cdot 25 + 5 \cdot 176) = 34 \cdot 14 \cdot 9$ **Probe:**

_____

_____

_____

_____

_____

b) $(37,2 - 2,5) + 2 \cdot x = (14,32 + 35,4) \cdot 9$ **Probe:**

_____

_____

_____

_____

_____

c) $7 \cdot x + (25,4 + 3,5) = 70,45 : 0,5 + 130,27$ **Probe:**

_____

_____

_____

_____

_____

d) $x : 0,02 + 2,5 = 13,7 + 11 \cdot 24,5$ **Probe:**

_____

_____

_____

_____

_____

e) $468 - 12 \cdot 13,5 + 11 \cdot 11 = x - 34,17 : 17$ **Probe:**

_____

_____

_____

_____

_____

f) $(4,3 + 9,5) + x = 2,2 + (19,4 - 3,87) \cdot 17$ **Probe:**

_____

_____

_____

g) $(1\frac{1}{2} \cdot 3 + 4\frac{2}{3} \cdot 2) : \frac{3}{3} = 2 \cdot x$ **Probe:**

_____

_____

_____

_____

_____

h) $4 \cdot x : (1\frac{3}{5} - 1\frac{2}{5}) = 2\frac{1}{5} + 3$ **Probe:**

_____

_____

_____

_____

_____

i) $2 \cdot x + 1\frac{1}{2} = 2,5 \cdot 0,8$ **Probe:**

_____

_____

_____

_____

_____

j) $x - (14,7 + 6\frac{3}{10}) = 50,05 : \frac{11}{20}$ **Probe:**

_____

_____

_____

_____

_____

k) $35\frac{1}{2} : 4 + 1,76 + x = 1,25 \cdot 8 : 0,4$ **Probe:**

_____

_____

_____

l) 7,34 • (18,5 + x) = 145,483 • 5,5   **Probe:**

_____

_____

_____

_____

_____

m) x : 19,54 + (12,54 + 7,54 − 2,4 • 4,3) = 9,79   **Probe:**

_____

_____

_____

_____

_____

n) 102,953 + x • 73 − 1,2 • 17,6 = 73,73 • 2,1   **Probe:**

_____

_____

_____

_____

_____

o) $(23,9 : \frac{1}{5} − 19,5) • \frac{1}{4} = x$ **Probe:**

_____

_____

_____

_____

p) $(1\frac{5}{8} − 3) • (2,2 + 6\frac{3}{5}) − 3 • x = 0$ **Probe:**

_____

_____

_____

7. Einfache Gleichungen aufstellen und durch Umformen lösen

Stelle nun selbst Gleichungen auf und löse sie durch Umformen.
Schreibe wie im Beispiel und überprüfe dann dein Ergebnis durch die Probe.

Beispiel: Wenn ich zum 2-fachen einer Zahl die Summe aus 26 und 31 addiere, erhalte ich ebenso viel, wie wenn ich die Differenz aus 2 450 und 125 durch 25 dividiere. Wie heißt die Zahl?

$$2 \cdot x + (26 + 31) = (2\,450 - 125) : 25$$
$$2 \cdot x + 57 = 2\,325 : 25$$
$$2 \cdot x + 57 = 93 \; / - 57$$
$$2 \cdot x = 36 \; / : 2$$
$$\underline{\mathbf{x = 18}}$$

Probe: $2 \cdot 18 + (26 + 31) = (2\,450 - 125) : 25$
$$36 + 57 = 2\,325 : 25$$
$$93 = 93$$

a) Subtrahiere vom 11-fachen einer Zahl 138 und du erhältst die Summe aus 421 und 453. Wie heißt die Zahl?

_____   **Probe:**

_____

_____

_____

_____

b) Addiere zum Produkt aus 34 und 65 das 3-fache einer Zahl. Das Ergebnis soll um 35 größer sein als das Produkt aus 92 und 47. Wie heißt die Zahl?

_____   **Probe:**

_____

_____

_____

_____

c) Wenn du das 4-fache einer Zahl mit der Summe aus 245 und 805 multiplizierst, erhältst du das Produkt aus 240 und 35. Wie heißt die Zahl?

_____   **Probe:**

_____

_____

_____

d) Die Hälfte einer gesuchten Zahl ist gleich dem Produkt aus 43 und 51. Wie heißt die Zahl?

Probe:

_____

_____

_____

_____

_____

e) Der vierte Teil einer Zahl ist um 125 größer als die Differenz aus 2 885 und 984. Wie heißt die Zahl?

Probe:

_____

_____

_____

_____

_____

f) Zu welcher Zahl muss man den Quotienten aus 1 564 und 23 addieren um die Summe aus 53 und 87 zu erhalten?

Probe:

_____

_____

_____

_____

_____

g) Tom sagt zu Kathrin: Wenn du mein Alter mit 7 multiplizierst und 6 dazuzählst, erhältst du das 2-fache von 45. Wie alt ist Tom?

Probe:

_____

_____

_____

_____

_____

h) Wenn Klaus sein Alter vervierfacht und 12 addiert, erhält er das Doppelte vom Alter seiner Mutter, die 32 Jahre alt ist. Wie alt ist Klaus?

_____   **Probe:**

_____

_____

_____

_____

i) Susi sagt: Mein Vater ist 45 Jahre alt. Wenn ich sein Alter durch 9 teile und das Ergebnis mit 16 multipliziere, erhalte ich das Alter meiner Oma. Mein Alter ist der vierte Teil davon. Wie alt sind Oma und Susi?

_____   **Probe:**

_____

_____

_____

_____

j) Frau Schlaue gibt ihren Schülern ein Rätsel auf: Wenn ich unsere Schülerzahl mit 4 multipliziere und davon 20 subtrahiere, erhalte ich das Vierfache der Anzahl der Schüler in der Parallelklasse, in der 22 Schüler sind). Wie viele Schüler sind in der Klasse?

_____   **Probe:**

_____

_____

_____

_____

k) Oma und Opa sind zusammen 156 Jahre alt. Ihre Enkelin Petra ist 15 Jahre alt. Oma ist fünfmal so alt wie Petra. Wie alt sind Oma und Opa?

_____   **Probe:**

_____

_____

_____

_____

Tipp: Vergiss bei den folgenden Aufgaben beim Ergebnis nicht die Benennung.

l) Peter kauft 8 Briefmarken zu 62 Cent und Briefmarken zu 1 €. Er bezahlt 9,96 €.
Wie viele Briefmarken zu 01 € hat er gekauft?

Probe:

_____

_____

_____

_____

_____

m) Familie Merlich kauft einen Farbfernseher. Sie zahlt 580 € an und den Rest in 12
gleichen Monatsraten zu je 55 €. Wie teuer kommt der Fernseher?

Probe:

_____

_____

_____

_____

_____

n) Ein LKW hat ein Leergewicht von 2 250 kg. Wie viele Kisten zu je 350 kg können
geladen werden, wenn sein Gesamtgewicht nur 7,5 t betragen darf?

Probe:

_____

_____

_____

_____

_____

o) Herr Mühsam fährt mit dem Taxi zum Krankenhaus. Der Fahrer berechnet als
Grundgebühr 3,50 € und für jeden gefahrenen Kilometer 1,60 €. Wie viele Kilometer
ist Herr Mühsam gefahren, wenn er 25,90 € bezahlt?

Probe:

_____

_____

_____

_____

_____

p) *Herr Schnell bringt sein Auto zum Kundendienst. Für den Ölwechsel werden 5,3 l Öl gebraucht und für sonstige Arbeiten 2,5 Stunden zu je 35,30 € berechnet. An Kleinmaterial fallen 4,30 € an. Wie teuer war ein Liter Öl, wenn Herr Schnell 222,05 € bezahlt.*

_____   **Probe:**

_____

_____

_____

_____

q) *Katja bessert ihr Taschengeld durch Babysitten auf. Im vergangenen Monat passte sie 8 Stunden auf Sven auf und 14 Stunden auf Miriam. Miriams Eltern zahlen pro Stunde 4,50 €. Was bekam sie pro Stunde von Svens Eltern, wenn sie insgesamt 111 € verdiente?*

_____   **Probe:**

_____

_____

_____

_____

r) *Eine Schulklasse fährt ins Schullandheim. Sie bleiben 7 Tage. Pro Tag rechnen sie mit 32,50 € für die Jugendherberge. Für Eintrittsgelder sammelt der Lehrer insgesamt 337,50 € ein. Das Busunternehmen verlangt 1 000 €. Wie viele Schüler sind in der Klasse, wenn der Lehrer vor Fahrtbeginn insgesamt 7 480 € auf dem Klassenkonto hat?*

_____   **Probe:**

_____

_____

_____

_____

s) *Ein Arbeiter hat pro Woche 35 Stunden gearbeitet. Er erhält außerdem 425 € Schmutzzulage und verdient im Monat brutto 3 855 €. Wie hoch ist sein Stundenlohn?*

_____   **Probe:**

_____

_____

_____

_____

t) Eine Gartengroßhandlung liefert folgende Ware an einen Gärtner: 110 Blumenpflanzen zu je 1,25 €; 95 Stauden zu je 21,50 €, 14 Tannen zu je 34,50 € und 23 Ahornbäume. Wie viel kosten die Bäume, wenn der Gärtner 2 000 € gleich zahlt und den Rest in 5 gleichen Raten zu je 221,38 €?

_____   **Probe:**

_____

_____

_____

_____

u) Von einem Stoffballen von 240 m Länge werden Stücke abgeschnitten: 4-mal 12,50 m; 3-mal 8,30 m und 5-mal 9,40 m. Wie viele Stücke zu 11,20 m können noch abgeschnitten werden? Runde sinnvoll!

_____   **Probe:**

_____

_____

_____

_____

v) Eine Telefonrechnung beläuft sich auf 29,40 €. In dem Betrag sind 17,95 Grundgebühren und 5,95 € für Sondereinrichtungen enthalten. Wie viele Einheiten zu je 2,9 Cent wurden vertelefoniert?

_____   **Probe:**

_____

_____

_____

_____

w) Familie Väth spart regelmäßig für den Urlaub. Die Eltern legen monatlich 250 € zurück. Der Sohn gibt wöchentlich 12 € dazu und die Tochter alle zwei Monate 120 €. Wie lange kann sich die Familie nach einem halben Jahr eine Ferienwohnung mieten, wenn diese pro Tag 140 € kostet?

_____   **Probe:**

_____

_____

_____

Die Grundaufgaben der Prozentrechnung

mit Gleichungen lösen

Tipp: Die folgenden Aufgaben kannst du erst lösen, wenn du im Unterricht bereits das Prozentrechnen kennen gelernt hast.

Die Einführung in das Prozentrechnen kennst du bereits. Damit du aber die folgenden Aufgaben lösen kannst, müssen einige Begriffe aus dem Prozentrechnen klar sein. Deshalb wiederholen wir sie noch einmal.

Grundwert G	**Prozentwert P**	**Prozentsatz p**
$G = P \cdot 100 : p$	$P = G \cdot p : 100$	$p = P \cdot 100 : G$
oder:	oder:	oder:
$G = P : p \cdot 100$	$P = G : 100 \cdot p$	$p = P : G \cdot 100$

Tipp: Setze für den Wert, den du berechnen sollst, die Unbekannte x ein. Vergiss nicht die Benennung am Schluss.

Tipp: Auch das Zeichen für % wird nicht in der Gleichung mitgeführt. Es wird wie eine Benennung behandelt.

Zu den drei Grundaufgaben der Prozentrechnung geben wir dir nun je ein Beispiel, wie du diese mit Hilfe einer Gleichung lösen kannst. Schreibe und rechne wie im Beispiel.

1. Berechnung des Grundwertes

Beispiel: Ein LKW hat bereits 12 % seiner Ladung abgeladen, das sind 0,54 t.

Wir wissen: $p = 12\ \%;\quad P = 0,54\ t$
Wir fragen: Wie viel Tonnen hatte er insgesamt geladen (G)?
Wir rechnen: $G = P \cdot 100 : p$
     $x = 0,54 \cdot 100 : 12$
     <u>**x = 4,5 [t]**</u>
Wir antworten: Er hatte insgesamt 4,5 t geladen.

a) *Der Landwirt Sämer hat 24,5 % seines Ackerlandes mit Sojabohnen bepflanzt. Das sind 12,74 ha.*

Wir wissen: _____

Wir fragen: _____

Wir rechnen:

Wir antworten: _____

b) Aus einem Flüssigkeitscontainer sind 126,5 l Flüssigkeit ausgelaufen, das sind
55 % der Gesamtmenge.

Wir wissen: _____

Wir fragen: _____

Wir rechnen:

Wir antworten: _____

c) Miriam hat 18 % ihres Taschengeldes, nämlich 6,30 € für die Dritte Welt gespendet.
Wie hoch ist ihr Taschengeld?

Wir wissen: _____

Wir fragen: _____

Wir rechnen:

Wir antworten: _____

d) Ein Autofahrer hat 37 % seiner Fahrtstrecke zurückgelegt. Er ist bereits 296 km gefahren.

Wir wissen: _____

Wir fragen: _____

Wir rechnen:

Wir antworten: _____

e) 36 % der Schüler einer Schule haben das Freischwimmer-Abzeichen gemacht.
Der Sportlehrer musste 54 Urkunden ausstellen. Wie viele Schüler sind das?

Wir wissen: _____

Wir fragen: _____

Wir rechnen:

Wir antworten: _____

2. Berechnung des Prozentwertes

Beispiel: Herr Schönmeier kauft sich einen neuen PKW, der 46 500 € kostet.
Er zahlt 12 % weniger als den Listenpreis.

Wir wissen: G = 46 500 €; p = 12 %;

Wir fragen: Wie viel Preisnachlass erhält er (P)? Wie viel muss er bezahlen?

Wir rechnen: P = G • p : 100   46 500 €
x = 46 500 • 12 : 100   − 5 580 €
x = 5 580 [€]   40 920 €

Wir antworten: Er erhält 5 580 € Preisnachlass und muss nur 40 920 € bezahlen.

a) *Ein Wasserbecken fasst 30 000 l Wasser. 41 % der Wassermenge sind bereits eingelaufen.*

Wir wissen: _____

Wir fragen: _____

Wir rechnen:

Wir antworten: _____

b) *Familie Weslich kauft eine Waschmaschine zum Preis von 1 760 €. Da die Maschine kleine Lackfehler hat, erhalten sie diese 30 % billiger.*

Wir wissen: _____

Wir fragen: _____

Wir rechnen:

Wir antworten: _____

c) *Petra erhält 30 € Taschengeld. Das wird nun um 15 % erhöht.*

Wir wissen: _____

Wir fragen: _____

Wir rechnen:

Wir antworten: _____

d) Ein Lagerhaus hat 15 t Weizen vorrätig. Am Ende der Woche sind 86 % verkauft.

Wir wissen: _____

Wir fragen: _____

Wir rechnen:

Wir antworten: _____

e) Die Heizöltanks fassen 3 200 l. Am Ende der Heizperiode sind 95 % des Ölvorrates verbraucht.

Wir wissen: _____

Wir fragen: _____

Wir rechnen:

Wir antworten: _____

3. Berechnung des Prozentsatzes

Beispiel: In einer Schulklasse (25 Schüler) tragen 7 Schüler eine Brille.

Wir wissen: $G = 25$ Schüler; $P = 7$ Schüler;
Wir fragen: Wie viel Prozent der Gesamtschüler sind Brillenträger (p)?
Wir rechnen: $p = P : G \cdot 100$
$\qquad x = 7 : 25 \cdot 100$
$\qquad \underline{x = 28\ [\ \%]}$

Wir antworten: 28 % der Schüler tragen eine Brille.

a) Im Winterschlussverkauf werden Skianzüge, die ursprünglich 275 € kosteten für 192,50 € angeboten.

Wir wissen: _____

Wir fragen: _____

Wir rechnen:

Wir antworten: _____

b) Ein Großbauer besitzt 1 200 ha Land. Auf 900 ha wächst Getreide.

Wir wissen: _____

Wir fragen: _____

Wir rechnen:

Wir antworten: _____

c) Familie Heinz kauft einen Wäschetrockner für 409 €. Da sie gleich bezahlen, müssen sie nur 396,73 € bezahlen.

Wir wissen: _____

Wir fragen: _____

Wir rechnen:

Wir antworten: _____

d) Die Klassenfahrt der Klasse 7 a nach München kostet insgesamt 1 100 €. Die Buskosten betragen 880 €.

Wir wissen: _____

Wir fragen: _____

Wir rechnen:

Wir antworten: _____

e) Herr Dicklich wog 84 kg. Nach einer Ernährungsumstellung bringt er nur noch 75,6 kg auf die Waage.

Wir wissen: _____

Wir fragen: _____

Wir rechnen:

Wir antworten: _____

Übungsaufgaben zum Prozentrechnen

1. Ergänze in der Tabelle die fehlenden Werte. Rechne als Gleichung.

	a)	b)	c)	d)	e)	f)
G	125 000 €	?	8 400 hl	1 475 km	?	2 412 km
P	?	6 072 €	2 100 hl	?	0,4545 hl	578,88 km
p	7 %	15 %	?	5	30 %	?

	g)	h)	i)	j)	k)	l)
G	?	31 224 €	3 215 t	450 t	?	250 Min.
P	9 540 m	?	482,25 t	?	72 000 €	35 Min.
p	6 %	9,75 %	?	22,5 %	18 %	?

a) _____   b) _____

_____   _____

_____   _____

c) _____   d) _____

_____   _____

_____   _____

e) _____   f) _____

_____   _____

_____   _____

g) _____   h) _____

_____   _____

_____   _____

i) _____   j) _____

_____   _____

_____   _____

k) _____   l) _____

_____   _____

_____   _____

2. *Für das Jahr 2 020 schätzt man den Wasserverbrauch in einem Land auf 69,2 Mrd. m³ und erwartet folgende Verteilung: private Haushalte: 5,3 %; Industrie: 23,2 %; Gewerbe und Landwirtschaft: 1,6 % und Elektrizitätswirtschaft: 69,9 %. Berechne die einzelnen Anteile in Kubikmeter. Runde, wenn nötig.*

Wir wissen: _____

Wir fragen: _____

Wir rechnen: private Haushalte   Industrie:

Gewerbe und Landwirtschaft: Elektrizitätswirtschaft:

Wir antworten: _____

3. *Klaus möchte sich ein Skateboard kaufen. Es ist mit 480 € ausgezeichnet, wird aber um 15 % herabgesetzt. Er hat schon 245 € gespart.*

Wir wissen: _____

Wir fragen: _____

Wir rechnen:

Wir antworten: _____

4. *In einem Autowerk laufen 39 372 Autos vom Fließband. 33 860 davon sind PKWs.*

Wir wissen: _____

Wir fragen: _____

Wir rechnen:

Wir antworten: _____

5. Eine Krankenversicherung erstattet 65 % der Kosten. Der Erstattungsbetrag beträgt 2 502,50 €.

Wir wissen: _____

Wir fragen: _____

Wir rechnen:

Wir antworten: _____

6. Frau Reinfurt zahlt monatlich 745 € Miete. Das sind 22 % ihres Monatseinkommens.

Wir wissen: _____

Wir fragen: _____

Wir rechnen:

Wir antworten: _____

7. Herr Brünner erhält monatlich 2567,34 € Lohn ausbezahlt. Nach einer Lohnerhöhung
   bekommt er nun 2 682,87 €.

Wir wissen: _____

_____

Wir fragen: _____

Wir rechnen:

Wir antworten: _____

8. Herr Schneller muss 12 % einer Autoreparaturrechnung selbst bezahlen.
   Er überweist 543,52 € an die Werkstatt.

Wir wissen: _____

Wir fragen: _____

Wir rechnen:

Wir antworten: _____

Geometrieaufgaben mit Gleichungen lösen

1. Umfangberechnungen

Weißt du noch, wie du den Umfang eines Quadrates und eines Rechtecks berechnest?

Schreibe es doch auf: U_{Qu} = _____ U_R = _____

Da es in verschiedenen Mathematikbüchern unterschiedliche Schreibweisen gibt, einigen wir uns auf eine.

Tipp: U_{Qu} = Umfang eines Quadrates

  U_R = Umfang eines Rechtecks

  a   = Seitenlänge eines Quadrates oder eines Rechtecks

  b   = Seitenbreite eines Rechtecks

Umfangformel: $U_{Qu} = 4 \cdot a$

  $U_R = 2 \cdot a + 2 \cdot b$ oder $2 \cdot (a + b)$

Wichtig! Ähnlich wie beim Prozentrechnen kannst du auch hier für die Größe, die du nicht kennst, die Unbekannte x einsetzen und wie beim Gleichungsrechnen die Aufgabe lösen.

Am besten schreibst du nach einem Strich (/), wie du vorgehst.

Wir geben dir dazu drei Beispiele. Sie sind sehr ausführlich gerechnet. Selbstverständlich kannst du kürzer rechnen. Du solltest jedoch jedes Mal die Formel aufschreiben. So prägst du sie dir schneller ein.

Beispiel 1:
Eine quadratische Wiese hat einen Umfang von 36 m. Wie lang ist eine Seite?

Wir wissen: U_{Qu} = 36 m
Wir fragen: Wie lang ist eine Seite?
Wir rechnen: $U_{Qu} = 4 \cdot a$
  $36 = 4 \cdot x / : 4$
  x = 9 [m]   **Wir antworten:** Eine Seite ist 9 m lang.

Beispiel 2:
Ein Rechteck hat eine Länge von 27 m und eine Breite von 48 m. Berechne seinen Umfang.

Wir wissen: a = 27 m; b = 48 m;
Wir fragen: Wie groß ist der Umfang?
Wir rechnen: $U_R = 2 \cdot (a + b)$
  $x = 2 \cdot (a + b)$
  $x = 2 \cdot (27 + 48)$
  $x = 2 \cdot 75$
  x = 150 [m]   **Wir antworten:** Der Umfang beträgt 150 m.

Beispiel 3:

Bauer Meise hat eine Wiese mit einem Umfang von 114 m. Eine Seite ist 26 m lang.
Wie lang ist die andere Seite?

Wir wissen:	$U_R = 114$ m; $a = 26$ m;
Wir fragen:	Wie lang ist die andere Seite?
Wir rechnen:	$U_R = 2 \cdot a + 2 \cdot b$
	$U_R = 2 \cdot a + 2 \cdot x$
	$114 = 52 + 2 \cdot x \ / - 52$
	$62 = 2 \cdot x \ / : 2$
	$x = 31$ [m]

Wir antworten: Die andere Seite ist 31 m lang.

1. Berechne die fehlenden Werte.

	a)	b)	c)	d)	e)	f)	g)
U_{Qu}	125 m	24,56 m	?	?	105,68 dm	1 349 km	?
a	?	?	19,21 cm	38,44 mm	?	?	4,29 m

a) _____ b) _____

_____ _____

_____ _____

c) _____ d) _____

_____ _____

_____ _____

e) _____ f) _____

_____ _____

_____ _____

g) _____ h) _____

_____ _____

_____ _____

	h)	i)	j)	k)	l)	m)	n)
U_R	292 mm	55,40 cm	?	?	51,80 km	3 496 km	?
a	81 mm	14,50 cm	52,69 dm	201,43 mm	?	1 345 km	3,59 m
b	?	?	41,35 dm	105,67 mm	12,45 km	?	2,29 m

i) _____ j) _____

_____ _____

_____ _____

k) _____ l) _____

_____ _____

_____ _____

m) _____   n) _____

_____   _____

_____   _____

2. Löse nun die folgenden Sachaufgaben. Achte dabei auf die Benennung.

a) Ein quadratisches Zimmer hat einen Umfang von 192 m. Wie lang ist eine Seite?

Wir wissen: _____

_____

Wir fragen: _____

Wir rechnen:

Wir antworten: _____

b) Eine Tischplatte ist 1,25 m lang und 75 cm breit. Welchen Umfang hat sie?

Wir wissen: _____

_____

Wir fragen: _____

Wir rechnen:

Wir antworten: _____

c) Ein Teppich hat eine Länge von 3,50 m und einen Umfang von 13 m. Wie breit ist er?

Wir wissen: _____

_____

Wir fragen: _____

Wir rechnen:

Wir antworten: _____

d) Eine quadratische Wiese (a = 15,35 m) wird eingezäunt. Reicht eine 60 m-Rolle Zaun?

Wir wissen: _____

_____

Wir fragen: _____

Wir rechnen:

Wir antworten: _____

e) Ein Blatt Papier ist 29,5 cm lang und 21 cm breit. Marion malt außen herum eine Verzierung. Wie lang ist diese?

Wir wissen: _____

_____

Wir fragen: _____

Wir rechnen:

Wir antworten: _____

f) Tanja hat 12 m Wollfaden. Wie breit ist das Rechteck, das sie damit legen kann, wenn sie als Länge 2,75 m annimmt?

Wir wissen: _____

_____

Wir fragen: _____

Wir rechnen:

Wir antworten: _____

2. Flächenberechnungen

Kannst du auch noch die Flächen von Quadrat und Rechteck berechnen?

Schreibe die Formeln doch auf: A_{Qu} = _____

A_R = _____

Wir wollen uns auch hier auf eine Schreibweise einigen.

Tipp: A_{Qu} = Fläche eines Quadrates

A_R = Fläche eines Rechtecks

a = Seitenlänge eines Quadrates oder eines Rechtecks

b = Seitenbreite eines Rechtecks

Flächenformel: $A_{Qu} = a \cdot a$ $A_R = a \cdot b$

Ähnlich wie beim Prozentrechnen kannst du auch hier für die Größe, die du nicht kennst,
die Unbekannte x einsetzen und wie beim Gleichungsrechnen die Aufgabe lösen.

Wir geben dir dazu zwei Beispiele.

Beispiel 1: *Ein Bauer pflügt seinen rechteckigen Acker, der 46 m lang ist.*
Wie breit ist der Acker, wenn der Bauer insgesamt 2 438 m² umpflügt?

Wir wissen: b = 46 m; A_R = 2 438 m²;
Wir fragen: Wie breit ist der Acker?
Wir rechnen: $A_R = a \cdot b$
               $A_R = a \cdot x$
          2 438 = 46 · x / : 46
          x = 53 [m]   **Wir antworten:** Der Acker ist 53 m breit.

Beispiel 2: *Ein quadratisches Bad wird gefliest. Wie lang ist es, wenn der Fliesenleger*
16 m² Fliesen benötigt?

Wir wissen: A_{Qu} = 16 m²;
Wir fragen: Wie lang ist das Bad?
Wir rechnen: $A_{Qu} = a \cdot a$
               $A_{Qu} = x \cdot x$
           16 = x · x   Du musst nun eine Zahl finden, deren Quadratzahl 16 ergibt.
           x = 4 [m] **Wir antworten:** Der Acker ist 4 m breit.

Rechne nun selbst. Selbstverständlich kannst du auch hier wieder kürzer rechnen.
Schreibe aber jedes Mal die Formel auf, damit du sie dir einprägst.

1. Berechne die fehlenden Werte. Runde wenn nötig.

	a)	b)	c)	d)	e)	f)	g)
A_{Qu}	225 m²	289 m²	?	?	32 400 dm²	8 100km²	?
a	?	?	12 cm	14,2 mm	?	?	4,29 m

a) _____ b) _____

_____ _____

_____

c) _____ d) _____

_____ _____

_____

e) _____ f) _____

_____ _____

_____

g) _____

_____

_____

	h)	i)	j)	k)	l)	m)	n)
A_R	1 725 m²	159,25 cm²	?	?	3,650 km²	9,985 km²	?
a	75 m	?	18,45 dm	130,70 mm	?	22,19 km	3,59 m
b	?	12,25 cm	3,90 dm	81,45 mm	1,49 km	?	2,29 m

h) _____ i) _____

_____ _____

_____

j) _____ k) _____

_____ _____

l) _____   m) _____

_____   _____

_____   _____

n) _____

_____

_____

2. Löse nun die folgenden Aufgaben. Denke an die Benennungen.

a) *Herr Huber kauft einen Acker, der 12,50 m lang und 18,45 m breit ist.
    Er zahlt pro Quadratmeter 17,50 €. Wie teuer kommt ihn der Acker?*

Wir wissen: _____

_____

Wir fragen: _____

Wir rechnen:

Wir antworten: _____

b) *Der quadratische Boden eines Wohnzimmers wird mit Parkett ausgelegt. Der Schreiner
    verlangt pro Quadratmeter für Material und Arbeitslohn 135,45 €. Das Zimmer ist
    4,25 m lang. Wie teuer kommt der Fußboden?*

Wir wissen: _____

_____

Wir fragen: _____

Wir rechnen:

Wir antworten: _____

c) *Eine rechteckige Wiese ist 14,50 m lang. Sie wird umzäunt. Der Bauer hat 56 m Draht
    berechnet. Wie breit ist die Wiese?*

Wir wissen: _____

_____

Wir fragen: _____

Wir rechnen:

Wir antworten: _____

d) *Ein Fliesenleger hat noch 13 m² Bodenfliesen übrig. Wie lang darf ein quadratisches Bad sein, wenn die Fliesen ohne Verschnitt reichen sollen?*

Wir wissen: _____

_____

Wir fragen: _____

Wir rechnen:

Wir antworten: _____

e) *Familie Neudecker hat ihren 7,50 m langen Gartenweg mit Platten belegen lassen. Sie bezahlen 945 € für Material und Lohn. Wie breit ist der Gartenweg, wenn der Handwerker pro Quadratmeter 105 € verlangt?*

Wir wissen: _____

_____

Wir fragen: _____

Wir rechnen:

Wir antworten: _____

f) *Eine rechteckige Wiese wird dreimal mit Draht umzäunt. Sie ist 25,40 m lang und der Besitzer hat eine 300 m Rolle Draht gekauft. Nach dem Einzäunen bleiben 19,80 m übrig. Wie breit ist die Wiese?*

Wir wissen: _____

_____

Wir fragen: _____

Wir rechnen:

Wir antworten: _____

g) *Herr Sparsam kauft einen Restposten Teppich (17 m²). Er legt damit sein Arbeitszimmer (b = 3,85 m; l = 4,25 m) aus. Kann er das?*

Wir wissen: _____

_____

Wir fragen: _____

Wir rechnen:

Wir antworten: _____

Raumlehreaufgaben mit Gleichungen lösen

Volumenberechnungen

Weißt du noch, wie du das Volumen eines Quaders berechnest?

Schreibe es doch auf: V_{Qu} = _____

Wir einigen uns auch hier auf eine Schreibweise.

Tipp: V_{Qu} = Volumen eines Quaders

Volumenformel: $V_{Qu} = a \cdot b \cdot c$ oder $V_{Qu} = l \cdot b \cdot h_k$ (= Höhe des Körpers)

Ähnlich wie beim Prozentrechnen kannst du auch hier für die Größe, die du nicht kennst, die Unbekannte x einsetzen und wie beim Gleichungsrechnen die Aufgabe lösen.

Wir geben dir dazu zwei Beispiele.

Beispiel 1:

Ein Quader ist 1,20 m lang, 0,75 m breit und 3,40 m hoch. Welchen Rauminhalt hat er?

Wir wissen: a = 1,20 m; b = 0,75 m; c = 3,40 m;
Wir fragen: Welchen Rauminhalt hat der Quader?
Wir rechnen: $V_{Qu} = a \cdot b \cdot c$
                   x = 1,20 • 0,75 • 3,40
                   x = 3,06 [m³]

Wir antworten: Der Quader hat einen Rauminhalt von 3,06 m³.

Beispiel 2:

Wie lang ist ein Quader, der einen Rauminhalt von 108,375 m³ besitzt, 4,25 m breit ist und eine Körperhöhe hat, die doppelt so groß wie die Breite ist?

Wir wissen: V_{Qu} = 108,375 m³; b = 4,25 m; = 8,50 m;
Wir fragen: Wie lang ist der Quader?
Wir rechnen: $V_{Qu} = l \cdot b \cdot$
           108,375 = x • 4,25 • 8,50
           108,375 = x • 36,125 / : 36,125
                x = 3 [m]

Wir antworten: Die Quaderbreite beträgt 3 m.

Auch hier sind die Beispiele wieder sehr ausführlich gerechnet. Selbstverständlich kannst du kürzer rechnen. Schreibe aber jedes Mal die Formel auf. So prägst du sie dir schneller ein.

1. Berechne die fehlenden Werte. Achte auf gleiche Benennungen.

	a)	b)	c)	d)	e)	f)	g)
V_{Qu}	4,104 m³	50 000 cm³	?	?	445,875cm³	8,40 dm³	2,16 m³
a	?	?	12,30 cm	41,50 mm	205 mm	0,80 dm	2,40 m
b	1,20 m	250 cm	14,80 cm	36,80 mm	?	?	1,80 m
c	3,80 m	500 cm	0,95 cm	105 mm	145 mm	1,50 dm	? m

a) _____ b) _____

_____ _____

_____ _____

c) _____ d) _____

_____ _____

_____ _____

e) _____ f) _____

_____ _____

_____ _____

g) _____

_____

_____

2. Löse die folgenden Aufgaben. Vergiss die Benennung nicht.

a) Ein Quader hat ein Volumen von 87,4125 m³, seine Grundfläche ist ein Rechteck mit der Länge 4,50 m und 3,70 m. Wie hoch ist er?

Wir wissen: _____

_____

Wir fragen: _____

Wir rechnen:

Wir antworten: _____

b) Ein Quader hat einen Rauminhalt von 53,868 m³. Seine Körperhöhe beträgt
    6,70 cm. Wie groß ist seine Länge, wenn die Breite die Hälfte der Körperhöhe ist?

Wir wissen: _____

Wir fragen: _____

Wir rechnen:

Wir antworten: _____

c) Die Grundfläche eines Quaders ist ein Quadrat mit der Seitenlänge
    a = 24,25 cm. Wie hoch ist er, wenn das Volumen 14 260,515 cm³ beträgt?
    Um welchen Sonderfall handelt es sich hier?

Wir wissen: _____

Wir fragen: _____

Wir rechnen:

Wir antworten: _____

d) Welche Grundfläche hat ein Würfel mit einem Volumen von 3,375 cm³ und einer
    Körperhöhe von 1,5 cm?

Wir wissen: _____

Wir fragen: _____

Wir rechnen:

Wir antworten: _____

e) Ein Quader hat eine Grundfläche von 25,56 m³ und ein Volumen von 47,286 m³.
    Welche Körperhöhe hat er?

Wir wissen: _____

Wir fragen: _____

Wir rechnen:

Wir antworten: _____

Ungleichungen aufstellen und lösen

Ohne es eigentlich zu wissen, hast du schon in der Grundschule mit Ungleichungen gerechnet, denn du hast bereits die Zeichen für Ungleichungen verwendet.

Tipp:	> bedeutet „größer als"
	< bedeutet „kleiner als"
	≥ bedeutet „größer oder gleich"
	≤ bedeutet „kleiner oder gleich"

Jetzt rechnen wir allerdings systematisch mit Ungleichungen und lösen sie auch.
Doch zunächst einige vorbereitende Übungen.

1. Ungleichung aufstellen

Schreibe eine Ungleichung zu folgenden Texten. Schreibe wie im Beispiel.

Beispiel: größer als 24: > 24

kleiner oder gleich als 81: _____

größer als 48: _____

größer oder gleich als 124: _____

kleiner als die Summe aus 24 und 41: _____

größer als das Produkt aus 17 und 23: _____

größer oder gleich als das Vierfache von 36: _____

kleiner oder gleich als die Differenz aus 275 und 124: _____

2. Ungleichungen zuordnen

Ordne den folgenden Ungleichungen den entsprechenden Text zu. Schreibe den Buchstaben der Ungleichung in das Kästchen vor dem Text.

a) $x < 35$

_____ Welche Zahlen, vermehrt um 86, sind größer als 190?

b) $y > (23 - 18)$

_____ Welche Zahlen, multipliziert mit 8, sind größer oder gleich 64?

c) $z \geq 174$

_____ Welche Zahlen vermindert um 85, sind kleiner als die Differenz aus 986 und 765?

d) $x < 15 \cdot 7$

_____ Welche Zahlen sind größer als oder gleich 174?

e) $z + 86 > 190$

_____ Welche Zahlen, dividiert durch 21, sind kleiner oder gleich der Summe aus 34 und 50?

f) $x - 85 < (986 - 765)$

_____ Welche Zahlen sind kleiner als das Produkt aus 15 und 7?

g) y • 8 ≥ 64 _____ Welche Zahlen sind kleiner als 35?

h) z : 21 ≤ (34 + 50) _____ Welche Zahlen sind größer als die Differenz aus 23 und 18?

Schreibe nun selbst Texte zu folgenden Ungleichungen.

i) x − 125 < 34: _____

_____

j) z ≥ (84 + 54): _____

_____

k) y + 976 ≤ 1 000: _____

_____

l) 234 • 16 > z: _____

_____

m) y • 9 < 105: _____

_____

n) z : 84 > 3: _____

_____

o) x : 14 ≤ 184: _____

_____

3. Ungleichungen überprüfen

Überprüfe durch Ausrechnen, ob die Ungleichungen stimmen. Schreibe ein „r" für richtig. Ist die Ungleichung falsch, dann schreibe ein „f" und dahinter die Ungleichung mit dem richtigen Zeichen.

a) 24 : 8 + 33 • 2 < 100 : 25 + 7 • 12 _____

b) (27 + 81) : 4 > 9 • 3 _____

c) (125 + 549) : (1 500 : 750) < 9 • 45 _____

d) 36 + 81 − (9 • 12 − 18) > 729 : 27 _____

e) 4,8 − 0,8 • 3 + 11 < 0,8 • 6,6 + 12,2 _____

f) $4,6 - 1\frac{2}{5} < 2,5 + 2,2$ _____

4. Ungleichungen am Zahlenstrahl lösen

Sicherlich möchtest du nun auch Ungleichungen lösen. Das geht sehr einfach mit Hilfe eines Zahlenstrahls.

Beispiel: $5 < x < 10$ Welche Lösungsmöglichkeiten gibt es?

x muss größer als 5 sein: damit beginnt die Lösungsmenge bei 6

x muss kleiner als 10 sein, damit endet die Lösungsmenge bei 9

Zahlenstrahl: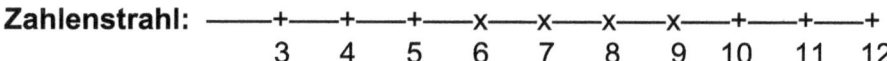
```
——+——+——+——x——x——x——x——+——+——+
  3   4   5   6   7   8   9   10  11  12
```

Die angekreuzten Zahlen sind also die Lösungsmöglichkeiten oder auch die Lösungsmenge.

Lösung: <u>x: 6; 7; 8; 9</u>   oder   **Lösung:** <u>x: {6; 7; 8; 9}</u>

Kreuze für die folgenden Aufgaben die Lösungsmöglichkeiten auf dem Zahlenstrahl an und schreibe sie auf. Welche Schreibweise du benutzt, überlassen wir dir.
Bei den ersten drei Aufgaben geben wir dir den Zahlenstrahl noch beschriftet vor, später musst du dies selber tun.

a) $8 > y > 3$

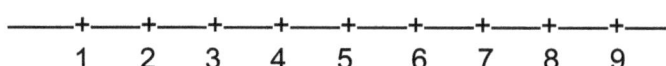
```
——+——+——+——+——+——+——+——+——+——
  1   2   3   4   5   6   7   8   9
```

Lösung: _____

b) $15 < z \leq 30$

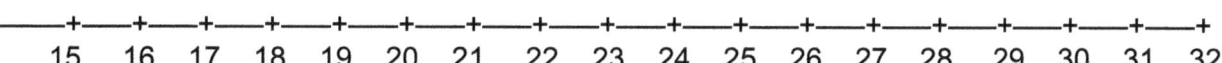
```
——+——+——+——+——+——+——+——+——+——+——+——+——+——+——+——+——+
  15  16  17  18  19  20  21  22  23  24  25  26  27  28  29  30  31  32
```

Lösung: _____

c) $24 \leq x \leq (136 - 97)$

```
——+——+——+——+——+——+——+——+——+——+——+——+——+——+——+——+——+—
  23  24  25  26  27  28  29  30  31  32  33  34  35  36  37  38  39  40
```

Lösung: _____

d) $12 \cdot 18 > x > 200$

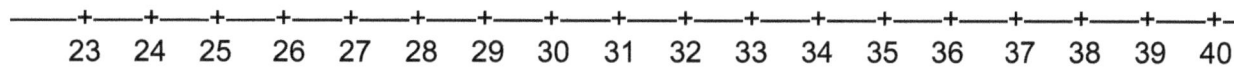
```
——+——+——+——+——+——+——+——+——+——+——+——+——+——+——+——+——+—
```

Lösung: _____

e) $y - 125 \leq 7$

```
——+——+——+——+——+——+——+——+——+——+——+——+——+——+——+——+——+—
```

Lösung: _____

f) z + 8 > 15

——+——+——+——+——+——+——+——+——+——+——+——+——+——+——+——+——+——+—

Lösung: _____

g) (12 346 – y) < 10

——+——+——+——+——+——+——+——+——+——+——+——+——+——+——+——+——+——+—

Lösung: _____

h) 1 035 : x ≥ 69

——+——+——+——+——+——+——+——+——+——+——+——+——+——+——+——+——+——+—

Lösung: _____

i) z • (19 • 7 – 11) < 250

——+——+——+——+——+——+——+——+——+——+——+——+——+——+——+——+——+——+—

Lösung: _____

j) 3,2 • x ≤ 16

——+——+——+——+——+——+——+——+——+——+——+——+——+——+——+——+——+——+—

Lösung: _____

k) $y : \frac{2}{3} < 6$

——+——+——+——+——+——+——+——+——+——+——+——+——+——+——+——+——+——+—

Lösung: _____

5. Ungleichungen lösen

Ungleichungen lassen sich wie Gleichungen lösen. Zum Lösen ersetzt du das Zeichen für größer (>) oder kleiner (<) durch das Gleichheitszeichen (=). Im Gegensatz zu einer Gleichung gibt es aber bei der Ungleichung mehrere Lösungen. Wir zeigen dir das nun an einigen einfachen Rechenbeispielen.

Du brauchst bei großen Lösungsmengen nicht alle Lösungen vorgeben. Schreibe so wie in den Beispielen.
∞ ist das Zeichen für „unendlich".

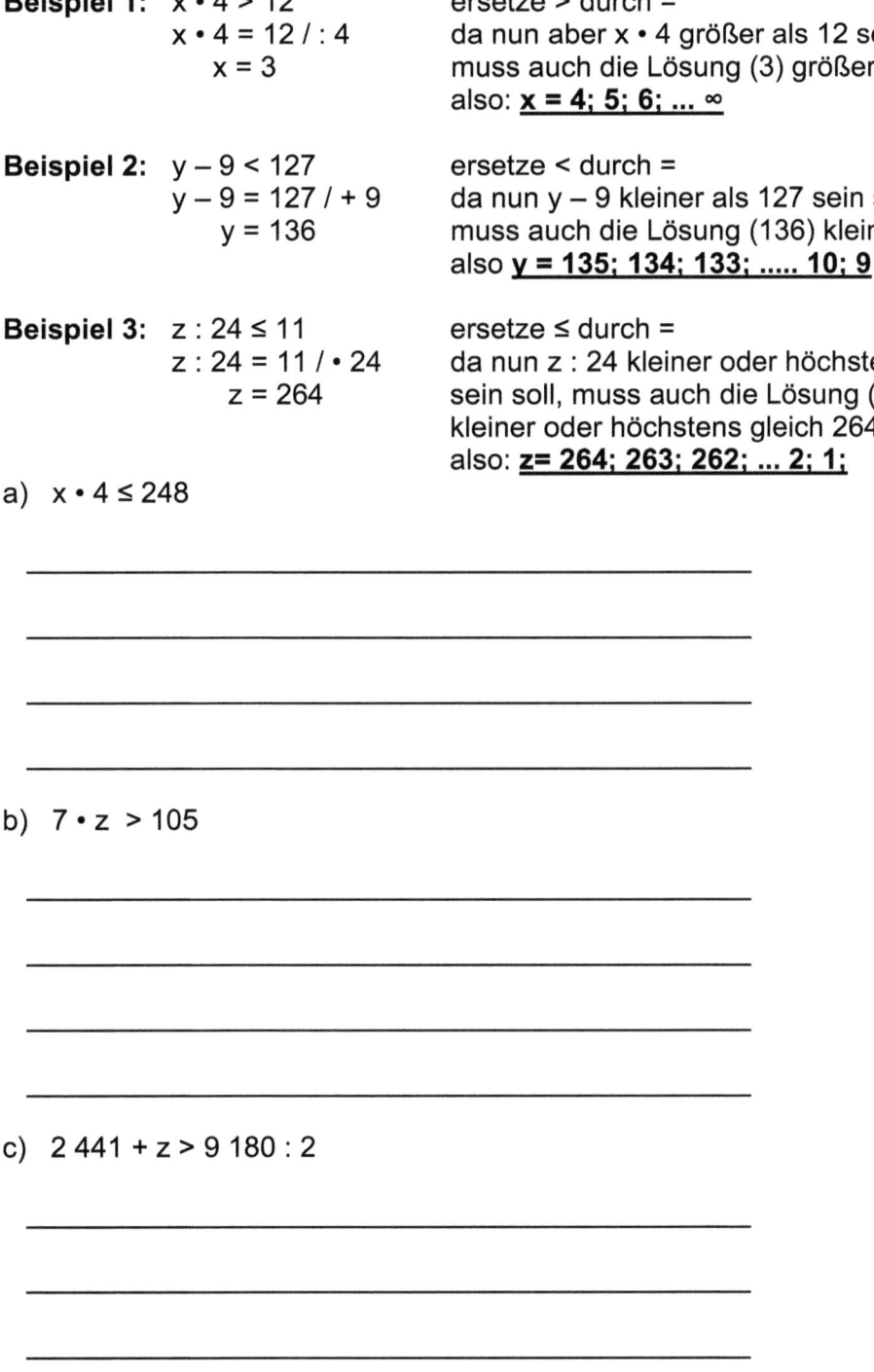

Beispiel 1: $x \cdot 4 > 12$ ersetze > durch =
$x \cdot 4 = 12 \; / : 4$ da nun aber $x \cdot 4$ größer als 12 sein soll,
$x = 3$ muss auch die Lösung (3) größer als 3 sein,
also: **$x = 4; 5; 6; \ldots \infty$**

Beispiel 2: $y - 9 < 127$ ersetze < durch =
$y - 9 = 127 \; / + 9$ da nun $y - 9$ kleiner als 127 sein soll,
$y = 136$ muss auch die Lösung (136) kleiner als 136 sein,
also **$y = 135; 134; 133; \ldots.. 10; 9$**

Beispiel 3: $z : 24 \leq 11$ ersetze ≤ durch =
$z : 24 = 11 \; / \cdot 24$ da nun $z : 24$ kleiner oder höchstens gleich 11
$z = 264$ sein soll, muss auch die Lösung (264)
kleiner oder höchstens gleich 264 sein,
also: **$z = 264; 263; 262; \ldots 2; 1;$**

a) $x \cdot 4 \leq 248$

_____

_____

_____

_____

b) $7 \cdot z > 105$

_____

_____

_____

_____

c) $2\,441 + z > 9\,180 : 2$

_____

_____

_____

_____

d) $109 + 816 \leq x + 501$

_____

_____

_____

_____

6. Vermischte Aufgaben

a) *Rechne aus und setze die richtigen Zeichen ein (<, > oder =).*

$80 \cdot 6$ _____ $3 \cdot 120$ $100 - 25$ _____ $100 : 20$

_____

$475 - 250$ _____ $15 \cdot 35$ $0{,}001 + 0{,}1$ _____ $0{,}2 - 0{,}02$

_____

$604 + 16$ _____ $150 \cdot 4$ $10{,}25 \cdot 6$ _____ $6 : 0{,}25$

_____

$195 \cdot 12$ _____ $585 \cdot 4$ $1\,425 : 5$ _____ $57 \cdot 5$

_____

$55 \cdot 0{,}5$ _____ $646 - 324$ $8{,}4 \cdot 1\frac{5}{8}$ _____ $2\frac{4}{5} + 3\frac{1}{4}$

_____

b) *Ein LKW wiegt leer 7 t. Er darf insgesamt 16 t wiegen. Es stehen Container (Gewicht je 2,5 t) zum Abtransport bereit. Wie viele Container dürfen höchstens geladen werden. Erstelle eine Ungleichung und löse.*

Wir wissen: _____

_____

Wir fragen: _____

Wir rechnen:

Wir antworten: _____

c) *Ein anderer LKW darf 9,5 t zuladen. Es stehen Container zu 1,5 t und zu 2,5 t zur Verfügung. Wie kann geladen werden, wenn immer nur eine Containersorte geladen werden darf?*

Wir wissen: _____

Wir fragen: _____

Wir rechnen:

Wir antworten: _____

d) *Löse mit Hilfe einer Gleichung:*

Dividiert man das 7-fache einer Zahl durch 20 und vermehrt den Quotienten um 1, so erhält man die doppelte Differenz aus 9 und dem vierten Teil der Zahl.

Wir wissen: _____

Wir fragen: _____

Wir rechnen:

Wir antworten: _____

e) *Löse mit Hilfe einer Gleichung:*

Vermehrt man das 10-fache einer Zahl um die Hälfte der Zahl, so erhält man um 146 mehr als den siebten Teil der Zahl.

Wir wissen: _____

Wir fragen: _____

Wir rechnen:

Wir antworten: _____

Übungsaufgaben zu den Gleichungen

Auf den folgenden Seiten sind Übungsaufgaben mit verschiedenen Schwierigkeitsgraden aus dem Bereich Gleichungen aufgeführt. Auch wenn du manche Aufgabe anders rechnen könntest, sollst du doch jede Aufgabe mit einer Gleichung lösen, damit du im Rechnen mit Gleichungen fit wirst.

1. Peter möchte sich einen Lötkolben (24,90 €), eine Zange (9,90 €) und Lötzinn (5,50 €) kaufen. Er hat 40 € gespart. Wie viel fehlt noch?

Wir wissen: _____

Wir fragen: _____

Wir rechnen:

Wir antworten: _____

2. Petra hat schon 37,50 € gespart. Monatlich kann sie 7,50 € zurücklegen. Nach wie viel Monaten hat sie insgesamt 90 € gespart, um sich ein Computerspiel zu kaufen?

Wir wissen: _____

Wir fragen: _____

Wir rechnen:

Wir antworten: _____

3. Ein rechteckiges Grundstück hat eine Fläche von 868 m². Die eine Seite ist 28 m lang. Wie breit ist das Grundstück?

Wir wissen: _____

Wir fragen: _____

Wir rechnen:

Wir antworten: _____

4. Ein quaderförmiges Silo mit einer Länge von 6 m und einer Breite von 4,50 m soll 60,75 m³ fassen. Wie hoch muss es sein.

Wir wissen: _____

Wir fragen: _____

Wir rechnen:

Wir antworten: _____

5. Ein quaderförmiger Heizöltank ist 4 m lang, 3,50 m breit und 2,50 m hoch. Wie viel Heizöl muss eingefüllt werden, damit er bis 20 cm unter den Rand gefüllt ist?

Wir wissen: _____

Wir fragen: _____

Wir rechnen:

Wir antworten: _____

6. Ein Geselle spart monatlich den 8. Teil seines Lohnes, das sind 121,50 €. Was verdient er?

Wir wissen: _____

Wir fragen: _____

Wir rechnen:

Wir antworten: _____

7. In einer Klasse sind 8 Mädchen, das sind 25 % der Schüler. Wie stark ist die Klasse?

Wir wissen: _____

Wir fragen: _____

Wir rechnen:

Wir antworten: _____

8. Welche Zahl muss ich mit 14,5 multiplizieren, um 287,1 zu erhalten?

_____

_____

9. Addiert man zu einer Zahl 29,6 so erhält man das 3-fache der Summe aus 25,6 und 34,6. Wie heißt die Zahl?

_____

_____

10. Stefan hat einen 1,84 m langen Draht. Daraus biegt er ein Rechteck, das 58 cm lang ist. Welchen Flächeninhalt hat das Rechteck?

Wir wissen: _____

Wir fragen: _____

Wir rechnen:

Wir antworten: _____

11. Bauer Huber zäunt sein rechteckiges 48 m langes Grundstück. Für das Tor spart er 3,50 m aus. Wie breit ist das Grundstück, wenn er 194,50 m Zaun braucht?

Wir wissen: _____

_____

Wir fragen: _____

Wir rechnen:

Wir antworten: _____

12. Bei einer Bürgermeisterwahl erhielt Kandidat A 56 % aller Stimmen, Kandidat B 42 % aller Stimmen und Kandidat C den Rest der 2 400 Stimmen. Wie viel Stimmen erhielt jeder Kandidat?

Wir wissen: _____

_____

Wir fragen: _____

Wir rechnen:

Wir antworten: _____

13. Das 3,8-fache einer Zahl vermehrt um $\frac{7}{40}$ ergibt $\frac{29}{40}$. Wie heißt die Zahl?

_____

_____

14. Ein Rechteck hat einen Flächeninhalt von 817,8 m². Es ist 34,8 m lang. Wie breit ist es?

Wir wissen: _____

Wir fragen: _____

Wir rechnen:

Wir antworten: _____

15. Fritz spart monatlich 27 % seines Lohnes. Nach 11 Monaten hat er 3 118,50 € gespart. Wie hoch ist sein Monatslohn?

Wir wissen: _____

_____

Wir fragen: _____

Wir rechnen:

Wir antworten: _____

16. Klaus denkt sich eine Zahl. Wenn er von ihr 33,5 abzieht und das 12-fache von 145 addiert, erhält er 2 222. Wie heißt die Zahl?

_____

_____

_____

17. Claudia hat 234,50 € auf dem Sparbuch und Manuela 145,70 €. Wenn Winfried 459,60 € einzahlt, hat er doppelt so viel wie Claudia und Manuela zusammen. Wie viel Geld hat er auf dem Sparbuch?

Wir wissen: _____

Wir fragen: _____

Wir rechnen:

Wir antworten: _____

18. Tanja gibt ihren Freundinnen ein Rätsel auf. Sie sagt: Ich bin 13 Jahre alt. Das Alter meiner Mutter erfahrt ihr, wenn ihr mein Alter mit 9 multipliziert und von 150 subtrahiert.

Wir wissen: _____

Wir fragen: _____

Wir rechnen:

Wir antworten: _____

19. *Ein rechteckiges Rasenstück wird mit Randsteinen eingefasst. Ein Stein ist 0,80 m lang. Man braucht 150 Steine. Wie lang ist das Grundstück, wenn auf die Breitseite 60 Steine passen?*

Wir wissen: _____

_____

Wir fragen: _____

Wir rechnen:

Wir antworten: _____

20. *Bei einer Landratswahl erhielt der Spitzenkandidat von 122 580 abgegebenen Stimmen 55 161 Stimmen. Wie viel Prozent erhielt er?*

Wir wissen: _____

Wir fragen: _____

Wir rechnen:

Wir antworten: _____

21. *Herr Fieder will sein Gewicht am Stammtisch nicht verraten. Er sagt: „Wäre mein 15,5-faches Gewicht um 507,5 kg geringer, würde ich eine halbe Tonne wiegen".*

Wir wissen: _____

_____

Wir fragen: _____

Wir rechnen:

Wir antworten: _____

22. *Eine Scherzaufgabe: Eine Fliege sagt zu einem 6,70 m langen Krokodil: „Wenn du meine Länge durch 0,0008 dividierst und 0,8 subtrahierst, erhältst du deine Größe".*

Wir wissen: _____

Wir fragen: _____

Wir rechnen:

Wir antworten: _____

23. *Wenn ich eine Zahl mit 107 multipliziere und 465 subtrahiere erhalte ich das Doppelte von 463. Wie heißt die Zahl?*

Wir wissen: _____

Wir fragen: _____

Wir rechnen:

Wir antworten: _____

24. *Christian und Stefanie haben zusammen 38 € Taschengeld. Christian sagt: „Wenn ich sechs Euro mehr hätte, hätte ich ebenso viel wie Stefanie." Wie viel Geld hat jeder?*

Wir wissen: _____

Wir fragen: _____

Wir rechnen:

Wir antworten: _____

25. Marions Eltern haben einen neuen PKW gekauft. Er braucht nur noch 7,7 Liter Benzin auf 100 km. Das sind fünf Siebtel des Benzinverbrauchs des alten Wagens. Wie viel Benzin hat der alte Wagen gebraucht?

Wir wissen: _____

Wir fragen: _____

Wir rechnen:

Wir antworten: _____

26. Herr Harms fährt einen Lkw. Auf den Anhänger können 6,3 t geladen werden. Das entspricht dem 1,4 fachen des Ladevermögens der Zugmaschine. Wie schwer darf die Ladung für die Zugmaschine nur sein?

Wir wissen: _____

_____

Wir fragen: _____

Wir rechnen:

Wir antworten: _____

27. 360 kg Blumenerde wird in 1,5-kg-Beutel, in 2 kg-Beutel und in 2,5-kg-Beutel verpackt. Es sollen gleichviel Beutel abgepackt werden. Wie viele Beutel von jeder Sorte gibt es?

Wir wissen: _____

Wir fragen: _____

Wir rechnen:

Wir antworten: _____

28. Ein Kasten mit 12 Flaschen Mineralwasser kostet 7,78 €. Im Preis sind 4,90 € Pfand enthalten. Wie teuer kommt eine Flasche Wasser ohne Pfand?

Wir wissen: _____

Wir fragen: _____

Wir rechnen:

Wir antworten: _____

29. Auf einer Rolle sind 200 m Draht. Es werden 12 gleichgroße Stücke abgeschnitten. Dann bleiben noch 10,40 m Draht übrig. Wie lang sind die Stücke?

Wir wissen: _____

_____

Wir fragen: _____

Wir rechnen:

Wir antworten: _____

30. Familie Möres gibt den vierten Teil ihres Monatseinkommens für Nahrung aus, den fünften Teil für Miete und den achten Teil für Kleidung. Es bleiben ihnen noch 1275 € übrig. Wie hoch ist ihr Monatseinkommen? (Rechne mit Dezimalzahlen!)

Wir wissen: _____

Wir fragen: _____

Wir rechnen:

Wir antworten: _____

Lösungen

Seite 6, **Nr. 1** **a:** (3 453 + 1 245 + 432) – (653 + 764 + 490) =;
b: (765 + 1 609 + 875 + 745) – (643 + 764 + 148) =;
c: (4 543 + 875 + 8 765) – (765 + 830 + 2 456 + 134) =;

Seite 7, **Nr. 2** **a:** 345 + 231 + 980 + 312 =;
b: 9871 + 543 + 390 + 678 =;
c: 739 + 352 + 873 + 871 =;
d: 234 + 3 902 + 543 + 2 483 =;

Nr. 3 **a:** r; 3 **b:** f; **c:** f; **d:** r; **e:** r;

Nr. 4 **a:** 42; **b:** 514; **c:** 145; **d:** 1072; **e:** 2968, **f:** 115;
g: 2 179; **h:** 163; **i:** 2,05; **j:** 223,228;

Seite 8, **Nr. 5** **a:** (730 + 23 + 39 + 41) – (54 + 31 + 22) = 726 [Fahrgäste];
b: (25 + 41) – (11 + 13 + 32) = 10 [Cent];
c: 35 – (5 + 7 + 9 + 11) = 3 [m];
d: (73,81 + 13,20 + 50,00) – (7,50 + 13,35 + 41,49 + 26,85) = 47,82 [€];
e: 200 – (12,75 + 19,50 + 8,50 + 26,25 + 12,75) = 120,25 [m]

Seite 9, **Nr. 1** **a:** 120; **b:** 793; **c:** 187; **d:** 82; **e:** 200; **f:** 415; **g:** 30,3;
h: 124,6; **i:** 18,8; **j:** 47,593; **k:** 13,434; **l:** 25,8; **m:** $\frac{13}{60}$; **n:** $9\frac{4}{5}$;
o: $5\frac{1}{2}$; **p:** $7\frac{13}{15}$; **q:** 138,45; **r:** 29,457; **s:** 1864,68; **t:** 1;

Seite 10, **Nr. 2** **a:** 24; **b:** 3; **c:** 128; **d:** 1 320; **e:** 928; **f:** 208; **g:** 8; **h:** 84;

Nr. 1 **a:** (27 + 3) • 4 = 120; **b:** 36 – 5 • 6 = 6; **c:** 48 : (15 – 9) = 8;
d: 125 : (74 + 51) = 1; **e:** 261 : 9 + 63 = 92;
f: 85 – 2 • (7,3 + 3,7) = 63; **g:** (9,4 + 16,8) : (15,6 – 15,2) = 65,5;

Nr. 2 **a:** 4; **b:** 77; **c:** 174;

Seite 11, **Nr. 2** **d:** 6 290; **e:** 2; **f:** 4

Nr. 3 **a:** 16,184; **b:** 108,64; **c:** 252,56; **d:** 2; **e:** 35; **f:** $11\frac{21}{40}$;
g: 3,17; **h:** 5,5; **i:** 88,0325

Nr. 4 **a:** 14 < 27; **b:** 35 < 43; **c:** 4 > 3;

Seite 12, **Nr. 4** **d:** 28 = 28; **e:** 1,23 < 3,822; **f:** 20,3 < 459,03; **g:** 20,3 > 1,081;
h: $2\frac{1}{18} < 3\frac{2}{5}$; **i:** $6\frac{13}{20} < 29\frac{1}{6}$; **j:** $1\frac{2}{3} < 2\frac{1}{4}$;

Seite 13, **Nr. 4** **k:** $12 < 10\frac{9}{10}$; **l:** $1\frac{4}{5} < 1\frac{7}{12}$

Nr. 5 **a:** 1; **b:** 2; **c:** 300;

Seite 14, **Nr. 1** **a:** 27 : 41 =; **b:** 1 457 – 521 =; **c:** 39 • 134 =; **d:** 96 + 64 + 103 =;
e: 17 • 26 + 105 =; **f:** 18 • 36 – 27 =;
g: 42 : 57 + 56 =; **h:** (67 – 32) : 98 =; **i:** (21 + 45) + 128 : 63 =;
j: 213 • 768 • (187 – 76) =

Seite 14, Nr. 1   **k:** Subtrahiere 32 von 124;   **l:** Multipliziere 34 mit 23;
m: Addiere 34 und 56;   **n:** Dividiere 234 durch 65;
o: Multipliziere die Differenz aus 123 und 76 mit 321;
p: Subtrahiere 237 vom Produkt aus 87 und 40;
q: Dividiere die Summe aus 36 und 87 durch die Differenz aus 454 und 87;
r: Multipliziere die Differenz aus Summe 234 und 91 mit 49 und addiere 763;

Seite 15, Nr. 2   **a:** 756; **b:** 234; **c:** 388; **d:** 762; **e:** 4 784; **f:** 5 978;
g: 7 948; **h:** 14 268; **i:** 55 528;

Nr. 3   **a:** 8 100; **b:** 6;   **c:** 16 300; **d:** 574;   **e:** 36 000;   **f:** 906;
g: 105;   **h:** 23,29; **i:** 1 176;   **j:** 121,51;

Seite 16, Nr. 3   **k:** $1\frac{1}{5}$; **l:** $14\frac{4}{9}$

Nr. 4   **a:** 4 212; **b:** 5 673; **c:** 44 307; **d:** 918; **e:** 30

Nr. 5   a = c;   b = a;   c = f; ·

Seite 17, Nr. 5   d = e;   e = b;   f = d;

Nr. 6   **a:** 105 · 47 : (579 + 408) = 5; **b:** (902 − 639) · (218 − 197) = 5 523;

Seite 18, Nr. 6   **c:** (1 125 + 1 730) − 26 · 81 = 749; **d:** (8 722 : 89) · (9 135 : 105) = 8 526;
e: (3 458 + 5 721) − (2 347 + 4 281) = 2 551;   **f:** 3 190; **g:** 1 620;

Seite 19, Nr. 6   **h:** 40; **i:** 217; **j:** 591; **k:** 160; **l:** 16; **m:** 13,33, **n:** 1,21;
o: 31,9; **p:** $\frac{1}{20}$; **q:** $\frac{1}{20}$

Seite 20, Nr. 6   **r:** 11 · 12 · 13 − (345 + 570) = 801;
s: (548 359 + 252 681) : 136 + 110 = 6 000;
t: (2 173:41) · (567 − 343) = 11 872;
u: [(654 + 345) + (1 389 − 879)] : 503 = 3;
v: (4,2 + 3,7) · 4,8 − 2,5 · 6,87 = 20,745;
w: $\frac{6}{5} : \frac{3}{10} + \frac{6}{5} \cdot \frac{3}{10} = 4\frac{9}{25}$;
x: $(\frac{1}{12} - \frac{1}{20}) : (\frac{1}{5} - \frac{1}{6}) = 1$;

Seite 21, Nr. 7:   d oder b, d oder b, e, a, f, c

Seite 22, Nr. 9   **a:** (146,45 − 112,00) + (87,35 − 71,75) · 2 = 65,65 [€];
b: 50 − (2,88 · 2 + 4,90 · 2 + 11,89 · 3 + 12,90 + 3,10) +
   4,90 · 3 + 3,10 · 2 = 3,67 [€]
c: 500 · 0,75 + 1 400 · 0,62 + 2 300 · 0,71 = 2 876 [€];

Seite 23, Nr. 9   **d:** 8 · 1,25 + 4 · 1,45 + 2 · 1,75 + 2 · 0,95 + 2,57 = 23,77 [€];
e: 479 · 7 + 409 · 3 + 499 · 12 = 10 568 [€];
f: (139,00 + 97,50 + 65,98 + 234,40 + 32,22):5 = 113,82 [€];
g: 100 : (7,99 + 5,60) = 7 [Kassetten + CDs] R 4,87 [€];

Seite 24, Nr. 9   h: 90 – 16,25 • 3,75;· ·≈·29,06 [km] ;
i: (480 – 80 + 480 : 3 + 480 : 4) : 4 =;   Er muss jeden Monat 30 € sparen.
j: 12,50 : 0,25 =;   50 [Eier] ;

Seite 25: Nr. 2   a: 5; **b:** 249; **c:** 31; **d:** 180; **e:** 294; **f:** 4 802; **g:** 3 781;
h: 25; **i:** 3; **j:** 954; **k:** 630; **l:** 447; **m:** 5; **n:** 624;

Seite 26: Nr. 3

Nr. 3 a	x = 1	x = 2	x = 3	x = 4	x = 5
27 + 13 • x = y	y = 40	y = 53	y = 66	y = 79	y = 92
131 – 8 • x = y	y = 123	y = 115	y = 107	y = 99	y = 91
420 : x + x = y	y = 421	y = 212	y = 143	y = 109	y = 89
x • x + 139 = y	y = 140	y = 143	y = 148	y = 155	y = 164
(x + 9) • 8 = y	y = 80	y = 88	y = 96	y = 104	y = 112
(14 – x) + 12 = y	y = 25	y = 24	y = 23	y = 22	y = 21

Nr. 3 b	x = 6	x = 7	x = 8	x = 9	x = 10
x + 41 – 35 = y	y = 12	y = 13	y = 14	y = 15	y = 16
3 • x + 714 = y	y = 732	y = 735	y = 738	y = 741	y = 744
2 520 : x – 176 = y	y = 244	y = 184	y = 139	y = 104	y = 76
(x + 26) • x = y	y = 192	y = 231	y = 272	y = 315	y = 360
455 : 5 – x = y	y = 85	y = 84	y = 83	y = 82	y = 81
125 – x • 10 = y	y = 65	y = 55	y = 45	y = 35	y = 25

Nr. 3 c	x = 4	x = 8	x = 3	x = 6	x = 10
3,24 + 0,25 • x = y	y = 4,24	y = 5,24	y = 3,99	y = 4,74	y = 5,74
x • x + 6,1 • x = y	y = 40,4	y = 112,8	y = 27,3	y = 72,6	y = 161
$\frac{1}{4}$ • x + $\frac{2}{5}$ = y	y = $1\frac{2}{5}$	y = $2\frac{2}{5}$	y = $1\frac{3}{20}$	y = $1\frac{9}{10}$	y = $2\frac{9}{10}$
$\frac{1}{2}$ • x + $\frac{1}{4}$ = y	y = $2\frac{1}{4}$	y = $4\frac{1}{4}$	y = $1\frac{3}{4}$	y = $3\frac{1}{4}$	y = $5\frac{1}{4}$
2,4 : x – 0,2 = y	y = 0,4	y = 0,1	y = 0,6	y = 0,2	y = 0,04

Seite 27: Nr. 3

Nr. 3 d	x = 3,5	x = 4,3	x = 7	x = 8	$x = \frac{1}{2}$
$0{,}75 \cdot (2 + x) = y$	y = 4,125	y = 4,725	y = 6,75	y = 7,5	y = 1,875
$(x + 2) \cdot x = y$	y = 19,25	y = 27,09	y = 63	y = 80	$y = 1\frac{1}{4}$
$100 - x + 2 \cdot x = y$	y = 103,5	y = 104,3	y = 107	y = 108	$y = 100\frac{1}{2}$
$25 : x + 3 \cdot x = y$	y = 17,64	y = 18,71	y = 24,57	y = 27,125	$y = 51\frac{1}{2}$
$11{,}5 \cdot x - (5 + x) = y$	y = 31,75	y = 40,15	y = 68,5	y = 79	$y = \frac{1}{4}$
$x \cdot 4 + x \cdot 3 = y$	y = 24,5	y = 30,1	y = 49	y = 56	y = 3,5
$23 + x \cdot x - 12 = y$	y = 23,25	y = 29,49	y = 60	y = 75	$y = 11\frac{1}{4}$

Seite 27, Nr. 3 **e:** x = 5; x = 10; x = 4;

Seite 28, Nr. 3 **e:** x = 6; x = 4; x = 9;
  x = 5; x = 3; x = 9;

Seite 29,· Nr. 3 **e:** x = 20; x = 16; x = 5

Seite 30, Nr. 1 **a:** 258; **b:** 361; **c:** 176; **d:** 432; **e:** 239; **f:** 10 024;
  g: 6,889; **h:** 9,261;

Seite 31, Nr. 1 **i:** $\frac{1}{6}$; **j:** $\frac{11}{24}$; **k:** $\frac{2}{3}$; **l:** $74\frac{2}{3}$; **m:** 12; **n:** 6; **o:** 136; **p:** 43 365;
  q: 111; **r:** 13; **s:** 25,5; **t:** 48,3; **u:** $17\frac{1}{2}$; **v:** 2; **w:** 1; **x:** 5

Seite 32, Nr. 2 **a:** 6; **b:** 61; **c:** 52; **d:** 5; **e:** 9; **f:** 400; **g:** 4 608; **h:** 22;
  i: 1,7; **j:** 1,3; **k:** 13,575; **l:** $\frac{1}{3}$;

Seite 33, Nr. 1 **a:** x – 7;   **b:** x · 19;   **c:** 532 · x;
  d: x: 135;   **e:** 3 567 : x;   **f:** 3 – x + 9;
  g: 6 · x – 41;   **h:** 2 289 : 31 · x;   **i:** x + 67 · x;
  j: (43 + 39) : x;   **k:** (54 – x) · (34 + x);   **l:** (769 + x) + (984 – x);
  m: 4 · x · 765;   **n:** 3 · x + (17 + x) · 7;   **o:** 4,6 · 3,4 · 9 · (7,6 + x);
  p: 59,5 : x – 15 · (768,98 – 34,234);
  q: $1\frac{1}{4}$ + x = 3,547;   **r:** (34,5 + 14,6) : x;

Seite 34, Nr. 2 **a:** x + 456 = 3 213; x = 2 757;
  b: 453 + x = 909; x = 456;
  c: x · 124 = 34 472; x = 278;
  d: x : 4 = 136 · 7; x = 3 808;
  e: x:135 = 5 · (23 + 81); x = 70 200;

Seite 35, Nr. 2 **f:** (543 + 457) : 125 = 2 · x;   x = 4;
  g: (931 – 454) · 45 + x = 21 600;   x = 135;
  h: x:5 + 4,56 = 5,21;   x = 3,25;
  i: 3 · x + 34,56 = 369,45 : 7,5;   x = 4,9;
  j: 952,56 : 2,1:x = 200 – 74;   x = 3,6;
  k: 2,3 · 40,5 – x = 1 437,15 : 100,5;   x = 78,85;

Seite 36, Nr. 2 l: $5x - 2x = 60$; $x = 20$;

Seite 37, Nr. 1 **a:** 60; **b:** 391; **c:** 88; **d:** 143; **e:** 56; **f:** 654; **g:** 4,78;
h: 92,92; **i:** $5\frac{3}{10}$; **j:** $24\frac{1}{20}$

Seite 38, Nr. 2 **k:** 3; **l:** 31; **m:** 5 751; **n:** 11; **o:** 83; **p:** 5; **q:** 1; **r:** $1\frac{1}{2}$;
s: 107,3; **t:** $7\frac{2}{9}$;

Nr. 3 **a:** 776;

Seite 39, Nr. 3 **b:** 206,39; **c:** 34,61; **d:** 5,614; **e:** 429,01; **f:** 252,41;

Seite 40, Nr. 3 **g:** $9\frac{2}{9}$; **h:** $\frac{13}{50}$; **i:** 0,25; **j:** 112; **k:** 14,365;

Seite 41, Nr. 3 **l:** $\approx 90{,}51$; **m:** 0,5862; **n:** 1; **o:** 25; **p:** $2\frac{17}{30}$

Seite 42, Nr. 7 **a:** $11 \cdot x - 138 = 421 + 453$; $x = 92$;
b: $34 \cdot 65 + 3 \cdot x + 35 = 92 \cdot 47$; $x = 693$;
c: $4 \cdot x \cdot (245 + 805) = 240 \cdot 35$; $x = 2$;

Seite 43, Nr. 7 **d:** $x:2 = 43 \cdot 51$; $x = 4\,386$;
e: $x : 4 + 125 = 2\,885 - 984$; $x = 7\,104$;
f: $x + 1\,564 : 23 = 53 + 87$; $x = 72$;
g: $x \cdot 7 + 6 = 2 \cdot 45$; $x = 12$;

Seite 44, Nr. 7 **h:** $x \cdot 4 + 12 = 2 \cdot 32$; $x = 13$;
i: $45:9 \cdot 16 = x$; $x = 80$; $80 : 4 = 20$;
j: $x \cdot 4 - 20 = 4 \cdot 22$; $x = 27$;
k: $15 \cdot 5 + x = 156$; $x = 81$ (Opa ist 81 Jahre alt); Oma ist 75 Jahre alt;

Seite 45, Nr. 7 **l:** $8 \cdot 0{,}62 + 1 \cdot x = 9{,}96$; $x = 5$ [Briefmarken];
m: $580 + 12 \cdot 55 = x$; $x = 1\,240$ [€];
n: $(7\,500 - 2\,250) : 350 = x$; $x = 15$ [Kisten];
o: $(25{,}90 - 3{,}50) : 1{,}60 = x$; $x = 14$ [km];

Seite 46, Nr. 7 **p:** $5{,}3 \cdot x + 2{,}5 \cdot 35{,}30 + 4{,}30 = 225{,}05$; $x = 25$ [€];
q: $8 \cdot x + 14 \cdot 4{,}50 = 111$; $x = 6$ [€];
r: $x \cdot 7 \cdot 32{,}50 + 337{,}50 + 1\,000 = 7\,480$; $x = 27$ [Schüler];
s: $35 \cdot x + 425 = 3\,855$; $x = 24{,}50$ [€];

Seite 47, Nr. 7 **t:** $110 \cdot 1{,}25 + 95 \cdot 21{,}50 + 14 \cdot 34{,}50 + 23 \cdot x = 2\,000 + 5 \cdot 221{,}38$;
$x = 19{,}30$ [€];
u: $4 \cdot 12{,}50 + 3 \cdot 8{,}30 + 5 \cdot 9{,}40 + x \cdot 11{,}20 = 240$; $x \approx 10$ [Stücke];
v: $(29{,}40 - 17{,}95 - 5{,}95) : 0{,}029 = x$; $x = 189$ [Einheiten];
w: $(250 \cdot 6 + 12 \cdot 24 + 120 \cdot 3):140 = x$; $x \approx 15$ [Tage];

Seite 48, Nr. 1 **a:** 52 ha;

Seite 49, Nr. 1 **b:** 230 [hl]; **c:** 35 [€]; **d:** 800 [km]; **e:** 150 [Schüler];

Seite 50, Nr. 2 **a:** 12 300 [l]; **b:** neuer Preis: 979,30 [€];
c: neues Taschengeld: 34,50 [€];

Seite 51,	**Nr. 2**	**d**: neuer Vorrat: 2,1 [t]; **e**: noch vorhanden: 160 [l];
	Nr. 3	**a**: 30 [%];
Seite 52,	**Nr. 3**	**b**: 75 [%]; **c**: 3 [%]; **d**: 80 [%]; **e**: 10 [%];
Seite 53,	**Nr. 1**	**a**: 8 750 [€]; **b**: 40 480 [€l]; **c**: 25 [%]; **d**: 73,75 [km]; **e**: 1,515 [hl]; **f**: 24 [%]; **g**: 159 000 [m]; **h**: 3 044,34 [€]; **i**: 15 [%] **j**: 101,25 [t]; **k**: 400 000 [€]; **l**: 14 [%];
Seite 54,	**Nr. 2**	private Haushalte: ≈ 3,67 [m³]; Industrie: ≈ 16,05 [m³]; Gewerbe: ≈ 1,11 [m³]; Elektrizitätswirtschaft.: ≈ 48,37 [m³];
	Nr. 3	neuer Preis 408 €; es fehlen noch 163 €;
	Nr. 4	86 [%];
Seite 55,	**Nr. 5**	3 850 [€];
	Nr. 6	3 386,36 [€];
	Nr. 7	4,5 [%];
	Nr. 8	4 529,33 [€];
Seite 57,	**Nr. 1**	**a**: 31,25 [m] **b**: 6,14 [m]; **c**: 76,84 [cm]; **d**: 153,76 [mm]; **e**: 26,42 [dm]; **f**: 337,25 [km]; **g**: 17,16 [m]; **h**: 65 [mm]; **i**: 13,2 [cm]; **j**: 188,08 [dm]; **k**: 614,20 [mm]; **l**: 13,45 [km];
Seite 58,	**Nr. 1**	**m**: 403 [km]; **n**: 11,76 [m];
	Nr. 2	**a**: 48 [m]; **b**: 4 [m];
Seite 59,	**Nr. 2**	**c**: 3 [m]; **d**: nein, es fehlen 1,40 [m]; **e**: 101 [cm]; **f**: 3,25 [m];
Seite 61	**Nr. 1**	**a**: 15 [m]; **b**: 17 [m]; **c**: 144 [cm²]; **d**: 201,64 [mm²] **e**: 180 [dm]; **f**: 90 [km]; **g**: ≈ 18,40 [m²]; **h**: 23 [m]; **i**: 13 [cm]; **j**: ≈ 71,96 [dm²]; **k**: ≈ 10 645,52 [mm²];
Seite 62,	**Nr. 1**	**l**: 2,45 [km]; **m**: 0,45 [km]; **n**: ≈ 8,22 [m²];
	Nr. 2	**a**: A_R = 230,625 [m²]; Preis: ≈ 4 035,94 [€]; **b**: A_{Qu} ≈ 18,06 [m²]; Preis: ≈ 2 446,23 [€]; **c**: b = 13,50 [m];
Seite 63,	**Nr. 2**	**d**: höchstens 3,60 [m]; **e**: A_R = 9 [m²]; b = 1,20 [m]; **f**: 21,30 [m]; **g**: ja, es bleiben 0,64 m übrig;
Seite 65,	**Nr. 1**	**a**: 0,9 [m]; **b**: 0,4 [mm]; **c**: 172,938 [cm²]; **d**: 160 356 [mm²]; **e**: 1,5 [cm] oder 15 [mm]; **f**: 7 [dm]; **g**: 0,5 [m];
	Nr. 2	**a**: 5,25 [m];

Seite 66,	**Nr. 2**	**b:** 2,40 [m]; **c:** 24,25 [cm]; es ist ein Würfel; **d:** 2,25 [cm³]; **e:** 1,85 [m];

Seite 67,   **Nr. 1**   ≤ 81;   > 48;   ≥ 124;   < (24 + 41);   > 17 • 23;   ≥ 4 • 36;   ≤ (275 − 124)

Nr. 2   e − g − f − c − h − d − a − b;

Seite 68,   **Nr. 1**
i: Welche Zahlen, vermindert um 125, sind kleiner als 34?
j: Welche Zahlen sind größer oder gleich der Summe aus 84 und 54?
k: Welche Zahlen, vermehrt um 976, sind kleiner oder gleich 1 000?
l: Welche Zahlen sind kleiner als das Produkt aus 234 und 16?
m: Welche Zahlen, multipliziert mit 9, sind kleiner als 105?
n: Welche Zahlen, dividiert durch 84, sind größer als 3?
o: Welche Zahlen, dividiert durch 14, sind kleiner oder gleich 184?

Nr. 3
a: r;   **b:** f (27 + 81) : 4 = 9 • 3;   **c:** r;
d: f 36 + 81 − (9 • 12 − 18) = 729 : 27;   **e:** r;   **f:** r;

Seite 69,   **Nr. 4**
a: y = 4; 5; 6; 7
b: z = 16; 17; 18; 19; 20; 21; 22; 23, 24; 25; 26; 27; 28; 29; 30;
c: x = 24; 25; 26; 27; 28; 29; 30; 31; 32; 33; 34; 35; 36; 37; 38; 39;
d: x = 201; 202; 203; 204; 205; 206; 207; 208; 209; 210; 211;
212; 213; 214; 215;
e: y = 125; 126; 127; 128; 129; 130; 131; 132;

Seite 70,   **Nr. 3**
f: z = 8; 9; 10; 11; 12; .... ∞
g: y = 12 337; 12 338; 12 339; 12 340; 12 341; 12 342;
12 343; 12 344; 12 345; 12 346;
h: x = 15; 14; 13; 12; 11; 10; 9; 8; 7; 6; 5; 4; 3; 2; 1,
i: z = 1; 2,   **j:** x = 1; 2; 3; 4; 5
k: y = 1; 2; 3;

Seite 71,   **Nr. 5**
a: x = {62; 61; 60; ... 3; 2; 1;};   **b:** z = {16; 17; 18; ... ∞};
c: z = {2 150; 2 151; 2 152; ... ∞};

Seite 72,   **Nr. 5**   **d:** x = {424; 425; 426; ... ∞}

Seite 72,   **Nr. 6**
a: 480 > 360;   75 > 5;   225 < 525;   0,101 < 0,18;   620 > 600;
61,5 > 24;   2 340 = 2 340;   285 = 285;   27,5 < 322;   13,65 > 6,05;
b: 16 − 7 > x • 2,5;   x = 1; 2; 3;

Seite 73,   **Nr. 6**
c: 9,5 > x • 1,5;   x = 1; 2; 3; 4; 5; 6; oder 9,5 > x • 2,5; x = 1; 2; 3
d: $\frac{7x}{20}$ + 1 = 2 (9 - $\frac{x}{4}$)   Ergebnis: x = 20
e: 10x + $\frac{x}{2}$ = 146 + $\frac{x}{7}$ Ergebnis: x = 14

Seite 74,   **Nr. 1**   40 + x = 24,90 + 9,90 + 5,50;   x = 0,30 [€];

Nr. 2   x • 7,50 + 37,50 = 90;   x = 7 [Monate];

Nr. 3   868 = 28 • x; x = 31 [m³];

Seite 75, **Nr. 4** $60,75 = 6 \cdot 4,50 \cdot x$; $x = 2,25$ [m];

Nr. 5 $x = 4 \cdot 3,50 \cdot 2,30$; $x = 32,2$ [m³];

Nr. 6 $x : 8 = 121,50$; $x = 972$ [€];

Seite 76, **Nr. 7** $x = 8 : 25 \cdot 100$; $x = 32$ [Schüler];

Nr. 8 $x \cdot 14,5 = 287,1$; $x = 19,8$;

Nr. 9 $x + 29,6 = 3 \cdot (25,6 + 34,6)$; $x = 151$;

Nr. 10 $1,84 = 2 \cdot 0,58 + 2 \cdot x$; $x = 0,34$ [m];
$x = 0,58 \cdot 0,34$; $x \approx 0,2$ [m²];

Seite 77, **Nr. 11** $194,50 - 3,50 = 2 \cdot 48 + 2 \cdot x$; $x = 51$ [m];

Nr. 12 Kandidat A: $x = 2\ 400 : 100 \cdot 56$; $x = 1\ 344$ [Stimmen];
Kandidat B: $x = 2\ 400 : 100 \cdot 42$; $x = 1\ 008$ [Stimmen];
Kandidat C: $2\ 400 - 1\ 344 - 1\ 008 = x$; $x = 48$ [Stimmen];

Seite 77, **Nr. 13** $3,8 \cdot x + \frac{7}{40} = \frac{29}{40}$; $x = \frac{11}{76}$;

Nr. 14 $817,8 : x = 34,8$; $x = 23,5$ [m];

Seite 78, **Nr. 15** monatliche Sparrate: $3\ 118,50 : 11 = 283,50$ [€];
$x = 283,50 : 27 \cdot 100$; $x = 1\ 050$ [€];

Nr. 16 $x - 33,5 + 12 \cdot 145 = 2\ 222$; $x = 515,5$;

Nr. 17 $x + 459,60 = 2 \cdot (234,50 + 145,70)$; $x = 300,80$ [€];

Nr. 18 $x = 150 - 13 \cdot 9$; $x = 33$ [Jahre];

Seite 79, **Nr. 19** $150 \cdot 0,80 = 2 \cdot 60 \cdot 0,80 + 2 \cdot x$; $x = 12$ [m];

Nr. 20 $x = 55\ 161 : 122\ 580 \cdot 100$; $x = 45$ [%];

Nr. 21 $15,5 \cdot x - 507,5 = 500$; $x = 65$ [kg]

Seite 80, **Nr. 22** $x : 0,0008 - 0,8 = 6,70$; $x = 0,006$ [m] oder 6 [mm];

Nr. 23 $x \cdot 107 - 465 = 2 \cdot 463$; $x = 13$;

Nr. 24 $x + x + 6 = 38$; oder $x + 6 = 38 - x$; $x = 16$ [€];
Stefanie: 16 €; Christian 22 €);

Seite 81, **Nr. 25** $5x = 7,7$; $x = 10,78\ l$;

             Nr. 26 $1,4x = 6,3$; $x = 4,5t$;

             Nr. 27 $1,5x + 2x + 2,5x = 360$; $x = 60$ Beutel;

Seite 82, **Nr. 28** $12x + 4,90 = 7,78$; $x = 0,24$ €;

             Nr. 29 $12x + 10,40 = 200$; $x = 15,80\ m$;

             Nr. 30 $0,25x + 0,2x + 0,125x + 1\ 275 = x$; $x = 3\ 000$ €;

Anhang – Regeln

UR = Umrechnungszahl

Längenmaße		
1 cm	= 10 mmm	UR = 10
1 dm	= 10 cm = 100 mm	UR = 10
1 m	= 10 dm = 100 cm = 1 000 mm	UR = 10
1 km	= 1 000 m	UR = 1 000

Flächenmaße		
1 cm²	= 100 mm²	UR = 100
1 dm²	= 100 cm²	UR = 100
1 m²	= 100 dm²	UR = 100
1 km²	= 1 000 000 m²	UR = 1 000 000
1 a	= 100 m²	UR = 100
1 ha	= 100 a = 10 000 m²	

Raummaße		
1 cm³	= 1 000 mm³	UR = 1 000
1 dm³	= 1 000 cm³	UR = 1 000
1 m³	= 1 000 dm³	UR = 1 000
1 m³	= 1 000 l	UR = 1 000

Gewichte		
1 g	= 1 000 mg	UR = 1 000
1 kg	= 1 000 g	UR = 1 000
1 t	= 1 000 kg = 1 000 000 g	UR = 1 000
1 Pfd.	= 500 g	UR = 500

Zeitmaße

1 Minute	= 60 Sekunden (Sek.)	UR = 60
1 Stunde	= 60 Minuten (Min.)	UR = 60
1 Tag	= 24 Stunden (Std.)	UR = 4
1 Woche	= 7 Tage	UR = 7
1 Monat	= 4 Wochen	UR = 4
1 Jahr	= 12 Monate = 365 Tage	UR = 365

Hohlmaße

1 h	= 100 l	UR = 100
1 dm³	= 1 l	
1 m³	= 1 000 l	UR = 1 000

Geld

| 1 € | = 100 Cent | UR = 100 |

Prozentrechnen

Grundwertberechnung: $G = P : p \cdot 100$

Prozentwertberechnung: $P = G : 100 \cdot p$

Prozentsatzberechnung: $p = P : G \cdot 100$

Umfangberechnung

$U_{Qu} = 4 \cdot a$

$U_R = 2 \cdot a + 2 \cdot b$ oder

$\quad\quad 2 \cdot (a + b)$

Flächenberechnung

$A_{Qu} = a \cdot a$

$A_R = a \cdot b$ oder

$\quad\quad l \cdot b$

Volumenberechnung

V_{Qu} $= a \cdot b \cdot c$ oder $l \cdot b \cdot h_k$

Teilbarkeitsregeln

Eine Zahl ist teilbar durch:

2, wenn es eine gerade Zahl ist

3, wenn die Quersumme der Zahl durch 3 teilbar ist   Beispiel: 18 - Quersumme 9

4, wenn die beiden letzten Ziffern durch 4 teilbar sind oder 00 sind

Beispiel: 124, 200, 640

5, wenn am Schluss eine 0 oder 5 steht

6, wenn die Zahl durch 2 und 3 teilbar ist

8, wenn die drei letzten Ziffern durch 8 teilbar sind oder 000 sind

Beispiel: 1000, 5 248, 872

9, wenn die Quersumme durch 9 teilbar ist

Beispiel: 4 716 - Quersumme 18

10, wenn am Ende eine 0 steht

Beispiel: 5 640